KB206362

이종임의 백년 밥상

이종임의 백년 밥상

50년 한식 대가가 정리한
참 귀한 사계절 레시피

이종임 지음

메가스터디BOOKS

Prologue

우리의 자랑스러운 한식 집밥 요리를 소개합니다

제가 요리를 시작한 지 어느덧 50년이 되었습니다. 어머니 때부터 저희 딸까지 3대가 요리 연구에 몸담아 왔으니 어쩌면 더 긴 세월 요리와 함께해왔다고 해야 할 것 같기도 합니다. 짧지 않은 세월 동안 요리를 하며 느끼는 것은 역시 우리나라 사람에게는 우리 음식이 가장 잘 맞다는 점입니다. 아무리 맛있는 외국의 다양한 요리들이나 퓨전 음식을 맛봐도 어렸을 때부터 먹어온 가족과의 추억이 담긴 한식이 가장 입에 맞고 속도 편안한 귀한 음식인 것은 어쩔 수 없습니다.

우리나라는 사계절이 뚜렷하고 24절기가 있습니다. 그러다 보니 절기마다 나오는 제철 채소나 해산물은 신선하고 영양도 좋고 맛도 좋은 훌륭한 식재료가 되어줍니다. 요즘은 계절 상관 없이 식재료들을 만날 수 있지만 그래도 제철에 나온 것들이 그 참맛을 제대로 담고 있습니다. 이런 각 계절별로 나는 재료를 활용한 제철음식 역시 우리나라는 잘 발달되어 있습니다. 계절이 바뀌면 그 계절에 먹으면 맛있는 음식들도 절로 떠오르죠. 봄이면 생각나는 냉이된장국, 여름에 시원하게 먹는 오이냉국, 가을에 안 먹으면 서운한 전어회무침, 겨울에 특히 맛있는 동태찌개처럼 생각나는 요리도 많습니다. 그래서 저는 집에서 음식을 하거나 제가 운영하는 유튜브 채널에서 메뉴를 소개할 때 그 계절에 특히 맛있는 재료를 활용하는 제철요리를 많이 하는 편이에요.

한식이 만들기 번거롭다고 생각하는 사람들도 있지만 몇 가지 기본적인 방법들만 알아두면 누구나 쉽게 집밥을 차릴 수 있습니다. 제철 재료를 데쳐 냉동 보관 해두거나 육수나 채수 등을 끓여 소분해 보관하거나 만능간장, 매콤양념 등을 만들어두면 생각보다 간편하게 음식을 만들 수 있습니다. 장아찌류, 밑반찬, 각종 청도 한 번 맘먹고 만들어두면 두고두고 맛있게 먹을 수 있죠.

음식을 만들 때에는 양념을 과하지 않게, 너무 달고 맵고 짜지 않도록 해야 건강에도 좋고 속도 편안합니다. 특히 요즘은 당을 걱

정하는 분들이 많아서 저도 되도록 음식에 설탕을 적게 사용하고 청이나 장아찌를 만들 때에 알룰로스를 사용하는 저당 방식을 활용하곤 합니다. 백미, 설탕, 흰밀가루 같은 단순당보다는 잡곡, 통곡물 등 복합당을 섭취하면 혈당 지수를 낮출 수 있다는 점도 기억해둘 만합니다. 또한 중장년이 되면 근감소증 예방을 위해 양질의 단백질을 섭취하는 것도 필요합니다. 뇌 건강에 도움을 주는 오메가3 필수지방산이 많이 함유된 해조류, 견과류, 등 푸른 생선도 자주 섭취하는 게 좋겠죠.

이번 책에서는 제 유튜브 채널에 올렸던 가정식 메뉴 중 가장 인기가 좋았던 요리를 위주로 소개했습니다. 또 요리마다 유튜브 영상 링크를 달아 영상과 함께 따라 할 수 있도록 하였습니다. 좀 더 제대로 된 한식 집밥을 차려보고 싶은 분들에게 조금이나마 도움이 되면 좋겠습니다.

나와 내 가족을 위한 한 끼, 건강하게 차려 먹는 습관이 점점 소중해지는 요즘입니다. 모쪼록 이 책을 통해 독자 여러분이 신선한 제철 재료를 이용해 쉽고 재미있게 요리하고 가족의 건강까지 챙길 수 있길 기원합니다.

이종임

Contents

Part 1

봄

042

074

082

Part 2

여름

128

136

Part 3

가을

160

178

186

Part 4

겨울

214

242

Part 5

사계절

272

286

308

계량법

◎ 계량숟가락을 이용하여 레시피 재료를 계량하였습니다.

◎ 1큰술은 15mL이고 작은술은 5mL, 1큰술은 3작은술입니다.

◎ 계량컵 1컵은 200mL로, 종이컵으로는 한가득 채우면 비슷한 양입니다.

◎ 제 유튜브 초기 영상에서는 계량 숟가락을 사용하지 않고 흔히 볼 수 있는 나무 숟가락을 이용해 계량하기도 하였습니다. 그런 요리의 경우 영상과 함께 봤을 때 혼동을 막기 위해 이 책에도 나무숟가락 계량으로 표기하였고 '나무숟가락 계량'이라고 따로 표시해 두었습니다. 참고로 나무숟가락 1숟가락은 계량숟가락 ½큰술과 비슷한 양입니다.

집에 갖춰두면 좋은
요리 맛 내는 양념류

◎ 한국 음식의 맛과 간을 내는 기본은 바로 장입니다. 간장, 된장을 직접 담글 수 있다면 좋겠지만, 요즘은 시판 장류를 구입하는 분들도 많죠. 시판 제품을 구입할 때는 양조간장 100%를 선택하는 것이 좋고, 국간장의 경우에는 '한식간장'이라 표기된 것이 자연 발효 방식으로 제조된 간장이라 건강에 더 좋습니다. 된장의 경우는 '한식된장'을 선택하면 좋습니다.

◎ 김치를 담거나 무침류에 쓰는 액젓은 멸치액젓, 까나리액젓, 갈치액젓, 꽃게액젓 등을 사용하면 됩니다. 조림이나 볶음 요리를 할 때 맛술 등을 사용하면 잡내도 없애주고 윤기도 나서 좋습니다.

◎ 식용유의 경우 저는 올리브유의 향이 한식에는 강한 것 같아 현미유나 포도씨유를 주로 사용합니다. 나물을 볶거나 두부전을 부칠 때에는 들기름에 부치면 향이 좋습니다.

◎ 단맛을 내는 양념으로 설탕을 쓰는 것이 일반적이지만 저는 정제 과정을 거치지 않은 원당을 사용합니다. 조청, 물엿, 올리고당은 쌀 100%로 만든 것(갈색을 띄는 것)을 주로 사용하고 있어요. 당이 부담스러운 사람들에겐 알룰로스를 추천합니다.

계절별로 사면 좋은 식재료

봄

봄나물에는 봄동, 냉이, 달래, 두릅, 쑥, 취나물 등이 있는데, 각종 비타민, 무기질, 섬유질이 풍부해 생채나 무침, 나물, 겉절이, 국, 찌개로 활용하면 춘곤증을 예방하며 입맛을 돋웁니다. 풋마늘, 달래, 명이 두릅, 미나리, 통마늘, 매실, 햇양파로 장아찌를 담가두면 1년 내내 맛있는 밑반찬을 즐길 수 있죠. 또한 도다리, 병어, 조기, 조개류가 풍부해 매운탕이나 조림, 구이로 요리하는 것이 좋으며, 5~6월이 제철인 꽃게는 탕이나 게장, 게무침으로 즐길 수 있습니다.

여름

여름엔 오이, 호박, 가지, 열무, 깻잎, 상추 등을 김치와 쌈, 나물, 생채, 볶음, 냉국으로 즐길 수 있습니다. 오이지를 담가두면 무쳐 먹기도 하고 냉국으로 활용할 수도 있습니다.
여름철에는 삼계탕, 백숙, 닭볶음탕, 장어구이, 육개장, 전복죽 등 몸을 보하는 복달임 음식들로 건강을 챙깁니다. 삼계탕, 백숙, 닭죽을 만들 때 닭발을 푹 고아 소분하여 냉동 보관 해두었다가 활용하면 진하고 깊은 맛을 내는 데 도움이 됩니다.

가을

가을철에는 연근, 우엉, 무, 도라지, 더덕, 토란 등 흰색의 뿌리채소가 제철입니다. 이 뿌리채소들은 폐와 기관지를 보호해주는 식재료라 겨울이 오기 전에 다양한 음식으로 섭취하면 감기 예방에도 도움이 됩니다. 한편 가을에는 다양한 버섯류도 많이 나오는데, 볶음, 구이, 나물, 덮밥, 전골 등으로 다양하게 즐길 수 있습니다.
생선류로는 가을 전어를 회무침이나 구이로 즐길 수 있고 낙지나 주꾸미를 볶음으로, 생대구나 동태를 얼큰한 탕으로 즐길 수 있습니다. 매생이. 톳, 다시마, 미역 등의 해조류도 활용하면 좋습니다.
가을 무는 단맛이 좋고 영양도 풍부해서 김치를 담그는 것 외에 무장아찌, 무말랭이장아찌를 만들어 먹어도 좋고 무전, 무조림을 해 먹어도 맛있습니다.

겨울

김장철에는 무청이 많이 남기 때문에 시래기로 말려 나물을 해먹거나 무청을 끓는 소금물에 넣어 데친 후 찬물에 헹궈 동량의 물과 함께 지퍼백에 담아 냉동 보관 해두었다가 멸치와 된장을 넣고 지져 먹으면 별미입니다.

또 겨울철은 시금치가 가장 맛있을 때이므로 시금치를 데쳐 물과 함께 소분하여 냉동 보관 해두면 다양한 음식으로 즐길 수 있습니다. 날씨가 추워지면 김치찌개, 청국장찌개, 비지찌개, 떡만둣국, 전골, 찜 등도 즐길 수 있습니다.

11월 말쯤 유자가 출하되면 청으로 만들어두었다가 겨울엔 따끈한 차로, 여름엔 시원한 음료로 즐기면 좋습니다. 무침, 겉절이, 샐러드드레싱에 유자청을 넣으면 상큼한 맛을 더해줍니다.

소고기양지 육수

재료 및 분량

소고기(양지머리) 300g, 물 10컵(2L)

육수재료

대파 ½개, 양파 ½개, 마늘 3알, 무 100g, 다시마(5×5cm) 3장, 통후추 ½작은술

만드는 방법

1 소고기는 반을 갈라 물에 30분간 담가 핏물을 제거한 후 씻는다.

2 냄비에 물을 붓고 육수 재료를 넣어 한소끔 끓인 후 중불에서 50분 정도 끓여 면보에 거른다.

사태 육수

재료 및 분량

소고기(사태) 1kg, 물 13컵(2.6L), 무 300g, 청주 3큰술, 소금 1큰술

향신 재료

마늘 5~6알, 대파(15cm) 1토막, 양파 ½개, 월계수 잎 2장, 통후추 1작은술

만드는 방법

1 사태는 기름을 떼어 내고 등분하여 물에 담가 핏물을 제거한 후 끓는 물에 2분간 데쳐 물에 헹군다.

2 무는 3cm 두께로 둥글게 썰어 4등분 하고, 마늘은 으깬다.

3 냄비에 물(13컵)을 넣고 사태와 향신 재료, 무, 청주, 소금을 넣고 한소끔 끓인 후 중불로 줄여 40분 더 끓인다.

4 사태는 건져 내고 육수는 면보에 거른다.

이종임 요리 팁

◎ 3번 과정에서 20분 삶은 후 무는 건져놓습니다.

해물 다시팩 육수

재료 및 분량

해물 다시팩 1개, 물 5컵(1L)

만드는 방법

1 냄비에 물과 해물 육수 팩을 넣고 5분간 담가 두었다가 한소끔 끓인 후 중불로 15분 끓인다. 그런 다음 육수 팩은 건진다.

이종임 요리 팁

◎ 육수 팩은 천연 펄프, 무표팩 제품을 사용하는 게 좋습니다.

◎ 해물다시팩 두 개를 넣으면 육수를 더 진하게 만들 수 있습니다.

◎ 팩으로 육수를 낼 때는 5분 정도 물에 담가 두었다가 끓여야 더 잘 우러납니다.

채수

재료 및 분량

물 15컵(3L), 양파 껍질 2개 분량, 다시마 10*10cm 3장, 무말랭이 20g, 우엉 50g, 대파 1개, 양파 1개, 마늘 10알, 건표고버섯 3개, 말린 파 뿌리 3g

만드는 방법

1 우엉은 껍질을 벗겨 어슷하게 썰고, 대파는 3등분 하고, 양파는 가로로 4등분한다.

2 팬에 대파, 양파, 마늘을 넣고 갈색이 나게 굽는다.

3 냄비에 물을 포함한 모든 재료를 넣고 한소끔 끓으면 중불에서 20~30분간 더 끓여 면보에 걸러 완성한다.

만능간장

재료 및 분량

양조간장 2½컵, 육수 1½컵, 맛술 1컵, 쌀조청 1컵, 가쓰오부시 1½컵(또는 참치액 1큰술), 레몬 ½개

육수

양파 100g, 대파 ⅓개, 건표고버섯 3개, 생강1/3톨, 마늘 5알, 해물다시팩 1개, 물 4컵

만드는 방법

1 양파는 둥글납작하게 썰고, 대파는 토막 내고 생강과 마늘, 레몬은 저민다.

2 웍에 양파, 대파, 생강과 마늘을 넣고 갈색이 날 때까지 구운 다음 육수 팩과 물, 표고버섯을 넣고 30분간 끓인 후 체에 걸러 1½컵의 육수를 만든다.

3 냄비에 육수와 양조간장, 맛술, 조청과 레몬을 넣고 한소끔 끓으면 불을 끄고 가쓰오부시(또는 참치액)을 넣어 식힌다.

4 체에 면보를 깔고 걸러 병에 담아 냉장 보관한다.

이종임 요리 팁

◎ 이 책에서 맛간장과 만능간장은 같은 개념으로 사용하였습니다.

만능매콤소스(삼식이양념)

재료 및 분량

고춧가루 ¾컵(9큰술), 양조간장 ½컵(5큰술), 다진 마늘 4큰술, 매실청 3큰술, 쌀 조청(또는 올리고당) 3큰술, 까나리액젓(또는 참치액젓) 2큰술, 참기름 1½큰술, 통깨 1큰술, 생강청 ½큰술(또는 다진 생강 ½작은술)

만드는 방법

1 분량의 모든 재료를 잘 섞어 냉장 보관한다.

이종임 요리 팁

◎ 삼식이양념은 꽃게무침, 오징어·낙지·주꾸미무침, 해물볶음, 생선조림에도 활용할 수 있어요.

견과류쌈장(고깃집쌈장)

재료 및 분량

된장(시판) ¾컵(145g), 고추장(시판) ¼컵(50g), 마늘 6알(40g), 청고추 2개, 아몬드 15알, 다진마늘 1큰술, 조청 1큰술, 참기름 1큰술, 통깨 1큰술, 콩가루 1큰술

만드는 방법

1 마늘, 아몬드는 굵게 다지고 청고추는 0.5cm 두께로 송송 썬다.

2 분량의 재료를 모두 섞어 쌈장을 완성한다.

이종임 요리 팁

◎ 쌈장을 촉촉하게 만들려면 고기 육수, 멸치 육수, 다시마물 등을 조금 넣으면 됩니다.

마늘오일

재료 및 분량

마늘 7~8알(30g), 식용유 1컵, 타임 2~3줄기

만드는 방법

1 마늘을 편으로 썰어 오일, 타임과 함께 넣어 숙성한다.

이종임 요리 팁

◎ 한식 요리 용도의 오일은 마늘만, 서양 요리 용도의 오일에는 타임을 추가하면 잘 어울립니다.

◎ 마늘오일은 파스타나 볶음 요리할 때 마늘과 함께 볶는 기름으로 사용하면 좋습니다.

◎ 식용유는 올리브오일, 현미유, 포도씨유 등 여러 종류의 오일을 사용할 수 있습니다.

◎ 병에 담아 냉장고에서 2개월 정도 보관 가능합니다.

마늘오일된장소스

재료 및 분량

집된장 ½컵, 시판 된장 ½컵, 멸치(육수용) 20g, 대파(10cm) 1토막, 양파 ½개, 청양고추 2개, 홍고추 1개, 통깨 1큰술, 마늘오일 1큰술, 물 1컵

만드는 방법

1 대파는 송송 썰고, 양파와 고추는 다진다.

2 멸치는 대가리, 내장을 제거하고 잘게 썬다.

3 팬에 마늘오일을 두르고 대파와 양파를 넣어 볶다가 멸치와 된장, 물(1컵)을 넣어 한소끔 끓인다.

4 고추, 통깨를 넣어 완성한다.

이종임 요리 팁

◎ 고기 구워 먹을 때 쌈장 대신 써도 되고, 된장찌개나 된장국 끓일 때 활용해도 좋습니다.

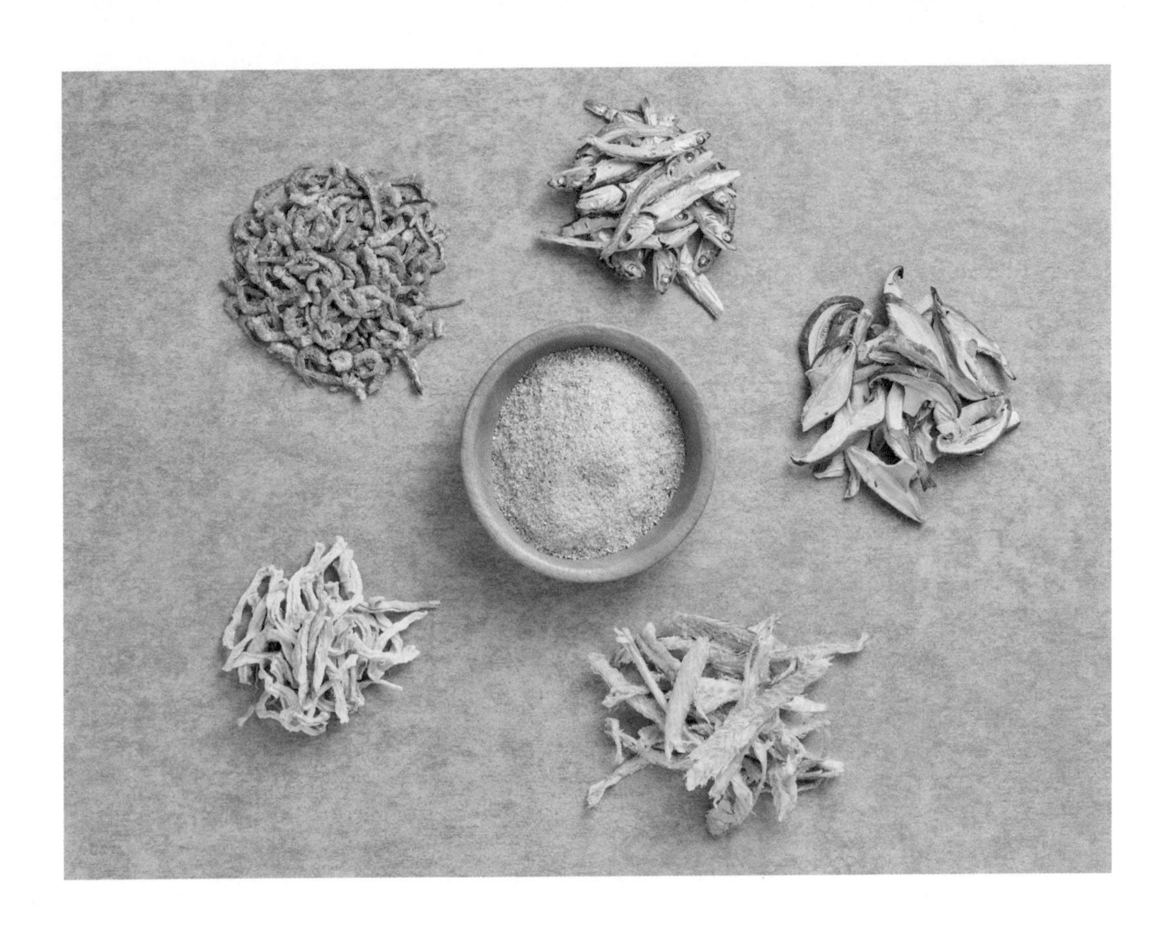

천연조미료

재료 및 분량

육수용 멸치 30g, 건새우 30g, 건표고버섯 30g, 황태채 30g, 무말랭이 30g

만드는 방법

1 멸치는 대가리와 내장을 제거한다.

2 멸치, 황태채, 건새우를 팬에 볶아 식힌다.

3 모든 재료를 잘게 썰어 믹서에 넣고 곱게 간다.

4 채에 걸러 용기에 보관한다.

이종임 요리 팁

◎ 국물요리에 깊은 맛을 낼 때는 천연조미료를 넣으면 좋습니다.

SNS 댓글로 자주 받는 질문

① 밀간이란 게 뭔가요?

'밀간'은 주 양념을 하기 전 재료의 잡내를 없애거나 비린 맛을 제거하기 위해 청주나 생강즙, 소금, 후춧가루로 미리 양념해두는 것을 말합니다.

② 고기는 왜 꼭 재우는 과정을 거치나요?

고기를 과일즙, 양파즙, 청주 등에 미리 재워두는 이유는 고기 육질을 부드럽게 만들고 맛이 잘 어우러지게 만들기 위함입니다.

③ 원당이 뭔가요?

보통은 단맛을 내기 위해 설탕이나 물엿, 조청, 올리고당을 쓰는데 설탕은 정제 과정을 거친 것으로 영양은 없으면서 칼로리가 높지만 원당은 정제를 거치지 않아 영양소는 그대로 유지하고 있는 건강한 당입니다. 그래서 저는 설탕 대신 원당을 주로 사용합니다.

④ 물엿이나 올리고당은 투명한 것과 갈색인 것 두 가지가 있던데 어떤 걸 사용하면 좋나요?

물엿, 올리고당을 선택할 때는 쌀 100%로 만든 갈색의 당을 사용하면 좋습니다

⑤ 저당 음식 만들 때 사용하는 알룰로스는 뭔가요?

알룰로스는 설탕 대비 약 70% 정도의 단맛을 가지며 설탕과 매우 유사한 맛을 냅니다. 1g당 약 0.2~0.4kcal로 설탕 대비 약 1/10 수준의 낮은 칼로리가 특징입니다. 알룰로스는 체내에 거의 흡수되지 않고 배출되므로 당이 부담되는 사람들에게 추천합니다.

⑥ 양조간장과 국간장은 각각 어떤 요리에 쓰나요?

양조간장(왜간장 또는 진간장이라고도 함)은 달달한 간장으로 고기 양념, 조림 등에 쓰이고, 국간장(조선간장, 집간장, 한식간장이라고도 함)은 짠맛이 강해 국 또는 찌개, 나물 등에 사용합니다.

Part 1

봄

봄동된장국

재료 및 분량(4인분)

봄동 ½포기(250g)
소고기(국거리) 100g
무 100g
대파 ⅓개
청양고추 1개
국간장 1큰술
다진 마늘 1큰술
쌀뜨물 6컵(1.2L)

나물 양념

집된장 1큰술
참기름 1작은술
다진 마늘 1작은술
고춧가루 1큰술
깨소금 1작은술

만드는 법 동영상

만드는 법

1 봄동은 뒤집어 심지 주변에 칼집을 넣어 한 장씩 뗀 다음 물에 담가 흙을 제거한 후 씻는다.

2 봄동은 끓는 물에 소금(1작은술)을 넣고 40초~1분 정도 데친다. 데친 봄동을 물에 헹궈 물기를 꼭 짠 후 먹기 좋게 썰고 분량의 나물 양념 재료를 넣어 무친다.

3 소고기는 물에 담가 핏물을 뺀 후 물기를 제거한다.

4 무는 돌려가며 저미고, 대파는 어슷하게, 청양고추는 송송 썬다.

5 냄비에 3의 소고기와 무를 넣은 다음 다진 마늘과 국간장을 넣고 볶는다.

6 5의 냄비에 쌀뜨물을 넣고 끓인 후 거품을 제거하고 2의 봄동을 넣어 25분간 끓인다.

7 6에 대파와 청양고추를 넣고 한소끔 끓인다.

이종임 요리 팁

◎ 2번 과정까지만 하면 봄동나물이 됩니다.
◎ 양지로 국물을 끓일 때는 충분히 좀 더 끓여주는 게 좋아요.
◎ 봄동은 그대로 넣고 끓이는 것보다 데친 후 나물로 무쳐서 끓여야 맛이 더 좋습니다.

봄동겉절이

재료 및 분량

※ 나무숟가락 계량

봄동 1포기(450g)
달래 50g
오이 1개
통깨 2큰술

양념

사과양파즙 1컵(사과 ½개, 양파 ¼개)
멸치액젓 6큰술
생강청 1작은술
다진 마늘 2큰술
고춧가루 7큰술
원당 1큰술

만드는 법 동영상

만드는 법

1 봄동은 뒤집어서 심지 주변에 칼집을 넣어 한 잎씩 떼고 소금(1큰술)을 푼 담가 흙을 제거한 후 깨끗이 씻는다.

2 손질한 봄동은 먹기 좋은 크기로 자른다.

3 달래는 깨끗하게 손질하여 4cm 길이로 썰고, 오이는 반을 갈라 어슷하게 썬다.

4 사과와 양파를 믹서에 간 뒤 나머지 양념 재료와 섞어 양념을 만든다.

5 봄동, 달래, 오이를 섞은 후 4의 양념을 넣어 고루 버무린 다음 통깨를 뿌려 완성한다.

이종임 요리 팁

◎ 봄동은 굳이 소금에 절일 필요는 없지만 줄기 부분에는 소금을 약간 뿌려두는 것도 괜찮습니다.

◎ 오이는 없으면 생략해도 괜찮아요.

◎ 멸치액젓 대신 까나리액젓을 사용해도 됩니다.

달래두부조림

재료 및 분량(3~4인분)
※ 나무숟가락 계량

달래 20g
두부 1모(300g)
양파 ⅕개
풋고추 1개
홍고추 ½개
소금 2꼬집
들기름 1큰술
식용유 1큰술

양념

해물 육수 ¾컵
양조간장 1큰술
국간장 1작은술
맛술 2큰술
다진 마늘 1작은술
고춧가루 2큰술
깨소금 1작은술

만드는 법 동영상

만드는 법

1 두부는 씻어 8조각으로 썬 다음 소금을 뿌려 10분 정도 두었다가 키친타월로 물기를 제거한다.

2 달래는 손질하여 2cm 길이로 썰고, 양파는 잘게 썰고, 풋고추와 홍고추는 반으로 갈라 송송 썬다.

3 분량의 재료를 섞어 양념을 만든다.

4 달군 팬에 식용유와 들기름을 두르고 두부를 넣어 앞뒤로 노릇노릇하게 굽는다.

5 4에 양념을 고루 끼얹어 한소끔 끓인 후 중불에서 국물이 없어질 때까지 조린다.

이종임 요리 팁

◎ 두부 팩에 담겨 있는 물에는 두부 속 응고제가 남아 있으니 두부를 물에 깨끗이 씻고 보관 시에는 물에 담가 보관하는 것이 좋습니다.

◎ 들기름은 발연점이 낮기 때문에 지질 때 식용유와 섞어 사용하면 좋습니다.

◎ 해물 육수 만드는 법은 28쪽을 참조하세요. 해물 육수 대신 멸치 육수를 사용해도 됩니다.

달래장아찌

재료 및 분량

산달래 400g
건고추 2개

절임물

양조간장 ¾컵
매실청 ¼컵
소주 ½컵
물 ¼컵
원당 2큰술(또는 설탕 1½큰술)
식초 ¼컵

만드는 법

1 장아찌용 산달래는 누렇게 마른 잎은 제거하고 깨끗하게 다듬어 씻은 뒤 물기를 뺀다. 건고추는 어슷하게 썬다.

2 냄비에 식초를 제외한 절임물 재료와 건고추를 넣어 한소끔 끓인 후 식초를 넣고 식힌다.

3 유리통에 달래를 담고 식힌 절임액을 부은 다음 누름돌로 눌러 실온 보관 한다.

4 3일 후 절임액을 따라 내서 한소끔 끓여 식힌 후 다시 부어 냉장 보관 한다.

이종임 요리 팁

◎ 장아찌용으로는 일반 달래가 아닌 산달래를 구입하는 게 좋습니다.
◎ 원당은 정제하지 않은 설탕으로 당 지수도 설탕에 비해 낮고 영양은 설탕보다 더 많아 자주 사용합니다.
◎ 절임물 만들 때 식초는 끓이지 않는 것이 좋습니다.
◎ 한번 만들어두면 1년간 보관도 가능합니다.
◎ 절임물을 따로 만들지 않고 시판 장아찌용 간장을 구입해서 사용해도 좋습니다.

만드는 법 동영상

냉이덮밥

재료 및 분량(2인분)

밥 2공기
냉이 100g
소고기(불고기용) 150g
생표고버섯 2개
양파 ½개
홍고추 1개
대파(10cm) 1토막
다진 마늘 1작은술
육수(또는 물) 4큰술
만능간장 2큰술
참기름 ½큰술
깨소금 ½큰술
식용유 1큰술

고기 양념

만능간장 1작은술
청주 1큰술
후춧가루 약간

만드는 법

1 냉이는 잔뿌리를 칼로 쓱쓱 훑어 손질한다. 끓는 소금물에 30초간 데친 후 찬물에 헹궈 물기를 짜고 긴 것은 자른다.

2 핏물 뺀 고기는 먹기 좋게 썬 다음 고기 양념 재료를 넣어 밑간한다.

3 생표고버섯은 슬라이스하고, 양파는 채 썰고, 홍고추는 반 갈라 어슷하게 썰고, 대파는 송송 썬다.

4 달군 팬에 기름을 두르고 대파, 다진 마늘을 넣어 볶은 후 버섯, 양파를 넣고 충분히 볶고, 양념한 고기를 넣어 볶는다. 이때 육수나 물(2큰술)을 부어 촉촉하게 한다.

5 4에 만능간장을 넣고 냉이를 넣어 볶은 후 육수나 물(2큰술)을 붓고 끓인다. 참기름, 깨소금을 넣어 완성한 후 밥에 곁들인다.

만드는 법 동영상

이종임 요리 팁

◎ 만능간장 대신 시판 맛간장을 사용해도 됩니다.

냉이김칫국

재료 및 분량(2인분)

냉이 100g
김치 100g
대파 ¼개
멸치 육수 5컵
국간장 1큰술
참기름 1작은술
다진 마늘 1큰술
고춧가루 1큰술

만드는 법

1 냉이는 뿌리를 다듬고 깨끗이 씻는다. 끓는 물에 소금(1작은술)을 넣고 냉이를 넣어 20초 정도 데친 후 건져 찬물에 헹군다.

2 데친 냉이는 물기를 짜서 송송 썰고, 김치는 속을 털어 내고 송송 썬다.

3 냄비에 참기름을 두르고 김치와 다진 마늘을 넣어 볶다가 고춧가루를 넣어 볶은 후 멸치 육수를 붓고 2의 냉이를 넣어 10~12분 정도 끓인다.

4 3에 어슷하게 썬 대파를 넣고 국간장으로 간을 맞춘다.

만드는 법 동영상

이종임 요리 팁

◎ 마지막에 달걀을 풀어 넣어도 좋습니다.

차돌샤부냉이된장찌개 & 차돌호박된장찌개

차돌샤부냉이된장찌개

재료 및 분량(4인분)

소고기(차돌박이) 150g, 냉이 100g, 두부 ½모(150g), 무 100g, 애호박 ¼개, 양파 ¼개, 청양고추 1개, 홍고추 1개, 대파 ½개, 된장 3큰술, 다진 마늘 1큰술, 고춧가루 1작은술

멸치 육수

물 6컵, 멸치 육수 팩 1개

만드는 법 동영상

만드는 법

1 냉이는 다듬어 여러 번 깨끗이 씻어 끓는 물에 소금을 약간 넣고 30초~1분 정도 살짝 데쳐 물에 헹궈놓는다. 무는 납작하게 썰고, 두부, 애호박, 양파, 청양고추, 홍고추, 대파는 먹기 좋게 썬다.

2 뚝배기에 물과 멸치 육수 팩, 무를 넣고 끓기 시작하면 15분 끓인 후 육수 팩은 건져 낸다.

3 2에 된장을 풀고 애호박, 양파, 다진 마늘, 고춧가루를 넣어 3분간 끓이고, 냉이, 두부, 청양고추, 홍고추, 대파를 넣고 3분간 끓인다.

4 냉이된장찌개에 차돌박이를 넣어 샤부샤부처럼 익혀 먹는다.

이종임 요리 팁

◎ 국물에 생기는 거품은 중간중간 제거하는 게 좋습니다.

차돌호박된장찌개

재료 및 분량(4인분)

소고기(차돌박이) 100g, 애호박 ⅔개, 두부 ½모(150g), 건표고버섯 2개, 감자 1개, 양파 ¼개, 청양고추 1개, 홍고추 1개, 대파 ½개, 된장 3큰술, 다진 마늘 1큰술, 고춧가루 1작은술

해물 육수

물 6컵, 해물 육수 팩 1개

만드는 법 동영상

만드는 법

1 애호박은 반으로 가르고, 두부, 감자, 양파, 청양고추, 홍고추, 대파는 먹기 좋게 썬다.

2 뚝배기에 물, 해물 육수 팩, 불려서 썬 건표고버섯, 반으로 자른 애호박을 넣어 찬물에서부터 20분간 끓여 해물 육수를 만들고, 육수 팩은 건져 낸다.

3 차돌박이는 팬에서 살짝 굽는다.

4 2에 된장을 풀고, 두부, 감자, 양파, 다진 마늘, 고춧가루, 차돌박이를 넣어 5분간 끓인다.

5 4에 청양고추, 홍고추, 대파를 넣고 2분간 끓여 완성한다.

이종임 요리 팁

◎ 차돌박이를 살짝 구워서 기름을 제거한 후 넣으면 국물이 담백합니다.

도다리쑥국

봄

재료 및 분량(3인분)

도다리 1마리(600g)
쑥(손질한 것) 80g
무 150g
청양고추 1개
홍고추 1개
대파 ½개
된장 1큰술
국간장 1~2큰술
청주 2큰술
다진 마늘 1큰술

해물 육수

쌀뜨물 6컵(1.2L)
해물 육수 팩 1개

만드는 법

1 쑥은 다듬어 여러 번 깨끗이 씻은 후 채반에 밭쳐 물기를 뺀다.

2 도다리는 아가미와 지느러미를 가위로 제거한 다음 내장을 빼내고 알은 씻어놓는다.

3 도다리는 토막 내어 소금을 살짝 뿌린 후 30분 두었다가 50℃의 따뜻한 물에 한 번 씻고 찬물에 헹군다.

4 무는 먹기 좋게 썰고, 청양고추, 홍고추, 대파는 어슷하게 썬다.

5 냄비에 쌀뜨물과 해물 육수 팩을 넣고 5분간 담가 적당히 우리고, 무를 넣어 10분간 끓인 후 된장을 푼다.

6 5에 도다리와 청주를 넣고 한소끔 끓인 후 도다리 알을 넣어 5~7분간 더 끓인다.

7 해물 육수 팩을 건져 낸 후 다진 마늘과 국간장을 넣는다. 국물에 뜨는 거품은 제거하고 쑥을 넣어 한소끔 끓인 후 청양고추, 홍고추, 대파를 넣는다.

이종임 요리 팁

◎ 신선한 도다리의 상징은 선홍색 아가미입니다.

◎ 도다리는 따뜻한 물에 씻으면 깨끗이 세척되고 비린맛도 제거되므로 따뜻한 물에 한 번 씻은 후 찬물에 씻는 것이 좋습니다.

◎ 끓이면서 생기는 거품은 걷어 내주세요.

◎ 모든 육수 팩은 가열 전 물에 5분간 담가뒀다가 끓이면 국물이 잘 우러납니다.

만드는 법 동영상

쑥지짐떡 & 쑥버무리

봄

쑥지짐떡

재료 및 분량(2인분)
※ 나무숟가락 계량

쑥 40g
습식 찹쌀가루 2컵
소금 2꼬집
뜨거운 물 4큰술
콩가루 2큰술
설탕 2큰술
식용유 2큰술

만드는 법

1 찹쌀가루에 소금을 넣고 다듬어 씻은 쑥을 넣어 버무린 다음 뜨거운 물(4큰술)을 넣어 반죽한다.

2 팬에 기름을 두르고 반죽을 손으로 눌러 둥글게 편 후 노릇하게 지진다.

3 볶은 콩가루에 설탕을 혼합하여 2의 쑥지짐떡에 묻힌다.

이종임 요리 팁

◎ 찹쌀 1컵을 불려서 가루로 빻으면 2컵이 됩니다.
◎ 꿀을 찍어 먹으면 더 맛있게 즐길 수 있습니다.

쑥버무리

재료 및 분량(2인분)

※ 나무숟가락 계량

쑥 70g
습식 멥쌀가루 3컵
삶은 팥 ½컵
설탕 3큰술
소금 ⅔작은술
설탕(찜기에 뿌리기) 1작은술
물 1큰술

만드는 법

1 쑥은 물에 여러 번 씻어 건져 낸다. 이때 물기를 너무 탈탈 털어 내지 않고 살짝 남겨둔다.

2 습식 멥쌀가루에 물(1큰술)을 넣고 섞은 다음 설탕과 소금을 고루 섞은 후 체에 한 번 거른다.

3 체에 내린 멥쌀가루에 물기가 촉촉하게 남아 있는 1의 쑥을 넣어 함께 버무린다.

4 김 오른 찜기에 젖은 면보를 깔고 그 위에 설탕(1작은술)을 고루 뿌린 후 3의 재료를 담고 삶은 팥을 뿌린다. 뚜껑을 덮고 20분 정도 강불에서 찐다.

이종임 요리 팁

◎ 습식 멥쌀가루는 체에 걸러서 쪄야 떡이 더 쫄깃합니다.
◎ 하루 정도 충분히 불린 쌀을 믹서로 곱게 갈아 사용해도 됩니다.
◎ 쌀 1.5컵을 불려서 가루로 빻으면 3컵이 됩니다.
◎ 단오가 지나면 쑥이 억세지므로 그 전에 쑥버무리를 해 먹는 것이 좋습니다.
◎ 찜기의 뚜껑을 면보로 싸줘야 떡 위에 물방울이 떨어지지 않습니다.

만드는 법 동영상

미나리주꾸미무침

재료 및 분량(4인분)

※ 나무숟가락 계량

미나리 200g
주꾸미(대) 6마리(800g)
풋고추 1개
홍고추 1개
참기름 1큰술
통깨 2큰술

유자청초고추장

고추장 7큰술
2배식초 3큰술(또는 일반 식초 6큰술)
유자청 3큰술
쌀조청 1큰술
다진 마늘 2큰술
고춧가루 3큰술

만드는 법

1 미나리는 5cm 길이로 썰어 깨끗이 씻은 다음 얼음물에 담갔다가 건져놓는다.

2 주꾸미는 가위를 사용하여 내장을 제거하고 밀가루(2큰술), 소금(약간)을 뿌려 바락바락 문질러 손질한 후 팔팔 끓는 물에 넣어 1분 정도 살짝 데친 다음 물기를 꼭 짠다.

3 데친 주꾸미는 물에 헹구지 않고 한 입 크기로 썬다.

4 풋고추, 홍고추는 어슷하게 썰어 씨를 털어 낸다.

5 볼에 분량의 재료를 섞어 유자청초고추장을 만든다.

6 볼에 손질해 놓은 주꾸미, 미나리, 풋고추, 홍고추를 한데 담은 후 참기름을 먼저 넣어 버무린다.

7 6에 유자청초고추장을 넣어 조몰락조몰락 버무린 다음 통깨를 솔솔 뿌린다.

이종임 요리 팁

◎ 2배식초를 쓰면 신맛이 강하고 물이 덜 생깁니다.

◎ 양념에 버무리기 전에 참기름으로 먼저 버무리면 양념이 잘 달라붙습니다.

만드는 법 동영상

주꾸미양념구이

재료 및 분량(3인분)

주꾸미(중) 8마리(500g)
콩나물 200g
쪽파 2줄기
청주 2큰술
참기름 약간
소금 약간
깨소금 약간
통깨 약간

양념

고추장 1큰술
양조간장 ½큰술
생강청 ½작은술
맛술 1큰술
참기름 1작은술
고추기름 1큰술
다진 마늘 1큰술
고춧가루 2큰술
원당 1큰술
깨소금 1작은술
후춧가루 2꼬집

만드는 법

1 주꾸미는 손질한 후 밀가루(2큰술)와 소금(약간)을 넣고 주물러 씻어 헹군 다음 체에 밭쳐 청주를 뿌린다.

2 분량의 재료를 섞어 양념을 만든다.

3 손질한 주꾸미에 2의 양념을 넣고 버무린다.

4 냄비에 물(½컵)과 콩나물을 넣어 뚜껑 덮고 3분 정도 끓여 데친다. 데친 콩나물을 찬물에 헹군 다음 물기를 제거하고, 참기름, 소금, 깨소금으로 양념한다.

5 뜨겁게 달군 팬에 식용유를 두르고 주꾸미를 넣어 강불에서 굽는다. 통깨와 송송 썬 쪽파를 뿌린 다음 4의 콩나물무침을 곁들여 낸다.

만드는 법 동영상

이종임 요리 팁

◎ 구이용 주꾸미는 크면 잘 익히기 어려우므로 중간 크기가 적당합니다.

주꾸미제육볶음

재료 및 분량(4인분)

주꾸미(중) 5마리(400g)
돼지고기(앞다리살, 불고기용) 300g
청주 2큰술
양파 ½개
대파 ½개
깻잎 15장
통깨 약간
식용유 ½큰술

양념

고추장 1큰술
양조간장 ½큰술
생강청 ½작은술
맛술 1큰술
참기름 1작은술
고추기름 1큰술
다진 마늘 1큰술
고춧가루 2큰술
원당 1큰술
깨소금 1작은술
후춧가루 2꼬집

만드는 법 동영상

만드는 법

1 주꾸미는 가위를 사용하여 눈을 제거한 후 머리를 뒤집어 내장과 입을 제거한다.

2 손질한 주꾸미는 밀가루(2큰술)와 소금(약간)을 넣고 주물러 씻는다. 끓는 물에 청주(1큰술)와 소금(1작은술)을 넣고 주꾸미를 넣어 15~20초 정도 데친 다음 한 김 식힌 후에 먹기 좋게 썬다.

3 돼지고기는 키친타월로 싸서 핏물을 제거하고 먹기 좋게 썰어 청주(1큰술)에 재운다.

4 양파는 굵게 썰고, 대파는 어슷하게 썰고, 깻잎은 큼직하게 썬다.

5 분량의 재료를 섞어 양념을 만든다.

6 양념의 ⅔는 주꾸미, ⅓은 돼지고기에 넣어 양념한다.

7 달군 팬에 기름을 두르고 대파를 넣어 볶은 후 양념한 돼지고기를 넣고 볶다가 양념한 주꾸미와 양파를 넣어 볶는다. 마지막으로 깻잎을 넣고 통깨를 뿌려 완성한다.

병어고사리조림

재료 및 분량(3인분)

※ 나무숟가락 계량

병어(대) 1마리
고사리 150g
양파 ½개
대파 ½개
풋고추 1개
홍고추 ½개
무(1cm) 2토막

해물 육수

물 5~5½컵(1~1.1L)
다시마(5×5cm) 3장
해물 육수 팩 1개

양념

된장 1큰술
고추장 2큰술
양조간장 4큰술
매실청 1큰술
조청 2큰술
다진 마늘 3큰술
다진 생강 ½작은술
고춧가루 6큰술

만드는 법 동영상

만드는 법

1 병어는 비늘을 긁고 나무젓가락을 아가미 쪽에서 배 쪽으로 넣어 비틀어 당기면 내장을 쉽게 제거할 수 있다.

2 고사리는 씻어 긴 것은 반을 자른다. 양파는 길이로 4등분 하고, 대파, 풋고추, 홍고추는 어슷하게 썬다.

3 분량의 재료를 섞어 양념을 만든다.

4 냄비에 물(5~5½컵), 무, 다시마, 해물 육수 팩을 넣고 15분 정도 끓인다.

5 무가 어느 정도 익으면 다시마와 해물 육수 팩을 건져 내고 3의 양념을 넣어 풀어준다.

6 병어, 고사리, 양파를 넣고 강불로 끓이다가 끓으면 중불로 줄여 15~20분 정도 국물이 자작해질 때까지 조린다.

7 대파, 풋고추, 홍고추를 넣어 5분 정도 더 끓인다.

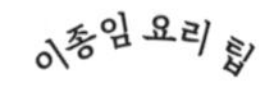

◎ 양념에 된장을 넣으면 깊고 구수한 맛이 납니다.
◎ 생선 조림에 햇고사리를 넣으면 쫄깃한 식감이 있어 맛을 돋워줍니다.
◎ 육수를 사용해야 감칠맛을 낼 수 있습니다.

모시조개맑은국

재료 및 분량(3인분)

모시조개 400g
두부 ¼모(75g)
무 100g
미나리 50g
청양고추 ½개
홍고추 ½개
다시마(4×4cm) 3장
청주 1큰술
다진 마늘 1작은술
소금 2½작은술
물 5컵(1L)

만드는 법

1 모시조개는 소금(1작은술)을 넣고 바락바락 주물러 씻은 후 소금물(물 2컵, 소금 1작은술)에 담가두었다가 씻어 해감을 제거한다.

2 두부와 무는 손가락 두 마디 정도 크기로 썰고, 미나리는 4cm 길이로 썰고, 청양고추와 홍고추는 송송 썬다.

3 냄비에 물(5컵)을 붓고 청주, 모시조개, 무, 다시마를 넣고 끓여 조가비가 벌어지면 조개만 건져 내고 무가 익도록 더 끓인다.

4 3에 두부, 고추, 다진 마늘을 넣고 한소끔 끓인 후 모시조개를 넣고 소금(½작은술)으로 간을 맞춘다. 마지막으로 미나리를 넣고 끓이지 않은 채로 불을 끈다.

만드는 법 동영상

이종임 요리 팁

◎ 조개는 오래 끓이면 질겨지기 때문에 조가비가 벌어지면 건져두었다가 마지막에 넣습니다.

모시조개냉이된장국

재료 및 분량(4인분)

모시조개 400g
냉이 200g
대파 ½개
홍고추 ½개
물 7컵(1.4L)
해물 육수 팩 1개
된장 2큰술
다진 마늘 ½큰술
국간장 1작은술

만드는 법

1 모시조개는 소금(1작은술)에 비벼 깨끗이 씻어 해감을 제거한다.

2 냄비에 물(7컵)을 붓고 해물 육수 팩을 넣어 5분간 담가두었다가 모시조개를 넣고 15분간 끓인 후 해물 육수 팩은 꺼낸다. 모시조개는 조가비가 벌어지면 건져놓는다.

3 냉이는 영양이 많은 뿌리까지 다 쓸 수 있도록 다듬어 씻어 끓는 물에 소금(약간)을 넣고 살짝 데친 후 물에 헹궈놓는다.

4 2의 육수에 된장을 체에 걸러 풀고, 냉이와 다진 마늘을 넣어 10분간 끓인다.

5 4에 모시조개, 어슷하게 썬 대파와 홍고추를 넣고 한소끔 끓인 후, 국간장으로 간을 맞춘다.

만드는 법 동영상

이종임 요리 팁

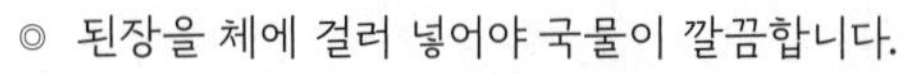

◎ 된장을 체에 걸러 넣어야 국물이 깔끔합니다.
◎ 취향에 따라 고춧가루를 넣어도 좋습니다.

통마늘간장장아찌

재료 및 분량

통마늘 50개

식초물(물:식초=2:1)

물 10컵(2L)

식초 5컵(1L)

절임물

마늘 절인 식초물 10컵(2L)

양조간장 3컵

설탕 3컵

소금 ¾컵

만드는 법

1. 마늘은 뿌리와 대를 잘라 내고 껍질을 한두 겹 벗겨 깨끗이 씻은 후 물기를 완전히 없앤다.
2. 유리병이나 통에 마늘을 담고 분량의 재료를 섞어 만든 식초물을 붓고 뚜껑을 덮어 7~10일 정도 삭힌 다음 식초물을 따라 낸다.
3. 냄비에 분량의 절임물 재료를 넣고 한소끔 끓인 후 식혀 2의 마늘에 붓는다. 뚜껑 덮은 채로 냉장실에서 보관한다.
4. 3~4일 지난 후 절임물을 따라 내서 끓인 후 식힌 다음 다시 마늘에 붓는다. 이 과정을 1~2회 반복한다.
5. 20일 정도 숙성 후 먹는다.

이종임 요리 팁

◎ 마늘을 식초물에 삭힐 때 햇볕을 완전히 차단해 햇빛이 안 드는 곳에 보관해야 마늘이 푸른빛이 돌지 않습니다.

◎ 장기간 보관 시에는 절임물을 끓여서 식힌 다음 붓는 과정을 한두 번 더 해줍니다.

◎ 시판 장아찌용 간장을 사용해도 괜찮습니다.

만드는 법 동영상

풋마늘생골뱅이무침 & 풋마늘통조림골뱅이무침

풋마늘생골뱅이무침

재료 및 분량(4인분)

풋마늘 200g, 생골뱅이 7~8개(300g), 청주 2작은술, 통깨 ½큰술

양념

고추장 2큰술, 2배식초 1큰술, 매실청 1큰술, 참기름 1작은술, 다진 파 1큰술, 다진 마늘 2작은술, 고춧가루 ½큰술, 원당 1큰술, 깨소금 1큰술

만드는 법 동영상

만드는 법

1 풋마늘은 다듬어 씻어 4cm 길이로 잘라 굵은 것은 반을 가르고 끝의 잎 부분은 잘라 낸다.

2 소금(1작은술)을 넣은 끓는 물에 풋마늘을 넣어 10초간 데친 다음 찬물에 헹구고 물기를 꼭 짠다.

3 골뱅이는 끓는 물에 넣고 크기에 따라 3~8분 정도 뚜껑을 덮고 삶아 살을 바른 다음 적당한 크기로 썬다.

4 분량의 재료를 섞어 양념을 만든다.

5 볼에 골뱅이와 풋마늘, 양념을 넣고 고루 무친다.

이종임 요리 팁

◎ 2배식초가 없으면 식초 2큰술을 넣으면 됩니다.

풋마늘통조림골뱅이무침

재료 및 분량(4인분)

풋마늘 150g, 골뱅이 통조림 ½통(90g), 통깨 ½큰술

양념

고추장 2큰술, 2배식초 1큰술, 매실청 1큰술, 참기름 1작은술, 다진 파 1큰술, 다진 마늘 2작은술, 고춧가루 ½작은술, 원당 1큰술, 깨소금 1큰술

만드는 법

1 풋마늘은 다듬어 씻어 4cm 길이로 자르고 굵은 것은 반을 가른다.

2 통조림 골뱅이는 뜨거운 물을 살짝 끼얹어 씻은 후 먹기 좋게 썬다.

3 분량의 재료를 섞어 양념을 만든다.

4 볼에 골뱅이와 풋마늘, 양념을 넣고 고루 무친다.

이종임 요리 팁

◎ 풋마늘은 그대로 써도 되고 소금물에 살짝 데쳐서 무쳐도 됩니다.

◎ 통조림 골뱅이는 뜨거운 물에 살짝 헹궈야 깔끔한 맛이 납니다.

건새우마늘종볶음

재료 및 분량(4인분)

건(꽃)새우 50g
마늘종 100g
마늘 3~4알
풋고추 1개
홍고추(소) 1개
쌀조청 1큰술
참기름 2작은술
통깨 2작은술
식용유 ½큰술

양념

어간장 2큰술(또는 만능간장 2큰술 또는 양조간장 1½큰술)
매실청 1큰술(또는 원당 1작은술)
청주 1큰술

만드는 법

1 마른 팬에 건새우를 볶은 후 체에 발쳐 부스러기를 털어 낸다.
2 마늘은 편으로 썰고, 풋고추와 홍고추는 송송 썬다. 마늘종은 5cm 길이로 잘라 소금물에 헹궈 씻은 후 물기를 제거한다.
3 달군 팬에 기름을 두르고 마늘을 넣어 노릇하게 볶은 뒤 마늘종을 넣어 충분히 볶는다.
4 분량대로 섞어 양념을 만든다.
5 3에 양념을 넣고 마늘종에 간이 배도록 익힌 후 건새우와 풋고추, 홍고추를 넣고 볶는다.
6 5에 쌀조청, 참기름, 통깨를 넣고 잘 섞어 완성한다.

이종임 요리 팁

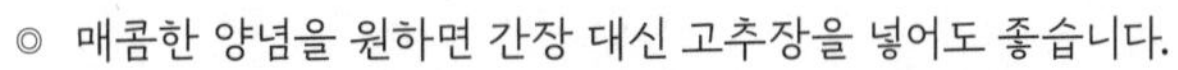

◎ 매콤한 양념을 원하면 간장 대신 고추장을 넣어도 좋습니다.
◎ 양조간장을 쓰면 단맛이 덜하므로 원당을 ½큰술 정도 추가해 주세요.

만드는 법 동영상

꽃게탕

봄

재료 및 분량(2인분)

꽃게(대) 1마리(400g)
무 150g
애호박 ⅓개
두부 ½모(150g)
양파 ¼개
풋고추 1개
홍고추 ½개
대파 ⅓개
쑥갓 3줄기
된장 2큰술
고춧가루 1큰술
다진 마늘 1큰술
소금 약간
후춧가루 약간

해물 육수

물 7컵(1.4L)
해물 육수 팩 1개

만드는 법

1 무, 애호박, 두부, 양파는 납작하게 썰고, 고추와 대파는 어슷하게 썬다.

2 꽃게는 배딱지와 등딱지를 떼어 내고 알은 따로 꺼내놓는다. 아가미와 모래집을 제거한 후 깨끗이 씻어 먹기 좋게 토막 낸다.

3 냄비에 물(7컵)을 붓고 해물 육수 팩을 넣어 5분간 담가두었다가 무를 넣고 15분 끓인 다음 육수 팩은 건져 낸다.

4 3의 해물 육수에 된장을 풀어 끓인 다음 꽃게와 알, 고춧가루를 넣는다.

5 4의 국물이 끓어오르면 애호박, 양파를 넣고 한소끔 끓인 후, 두부, 고추, 대파, 다진 마늘을 넣고 10분간 끓인다.

6 5에 소금, 후춧가루로 간한 다음 국물 위에 뜨는 거품은 걷어 내고, 불을 끈 후 큼직하게 썬 쑥갓을 넣는다.

만드는 법 동영상

이종임 요리 팁

◎ 꽃게 딱지를 육수에 넣어 함께 끓이면 육수가 진합니다.

꽃게양념무침

재료 및 분량(4인분)

꽃게(중) 3마리(1kg)
양파 ½개
대파 ½개
풋고추 1개
홍고추 1개
청주 2큰술

꽃게 육수

물 2컵
꽃게 등딱지 3개
마늘 3알
생강 1톨
대파 ⅓개
양파 ¼개

양념

꽃게 육수 ⅓컵
양조간장 4큰술
까나리액젓 1큰술
쌀조청 2큰술
매실청 2큰술
생강청 ½큰술
참기름 1큰술
다진 마늘 3큰술
고춧가루 5큰술
통깨 1큰술

만드는 법

1 꽃게는 등딱지와 배딱지를 제거한 후 가위로 다리와 뾰족한 부분은 잘라 내고 내장을 제거한 후 토막 내어 냉동실에 1시간 넣어뒀다가 꺼낸다.

2 냄비에 육수 재료를 넣고 15분 정도 끓여 육수를 만든다.

3 양파는 채 썰고, 대파, 풋고추, 홍고추는 어슷하게 썬다.

4 분량의 재료를 섞어 양념을 만든다.

5 꽃게에 청주를 넣고 버무린 후 물기를 제거한다.

6 꽃게와 3의 채소, 4의 양념을 한데 넣고 고루 버무려 완성한다.

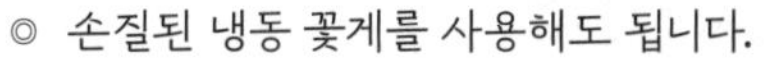

◎ 손질된 냉동 꽃게를 사용해도 됩니다.

◎ 꽃게를 냉동실에 1시간 정도 넣어뒀다 사용하면 훨씬 더 쫀득거리고 맛있어요.

만드는 법 동영상

오이소박이

재료 및 분량

오이 13개(2kg)
부추 200g
쪽파 100g

절임물

물 7컵(1.4L)
소금 ¾컵

양념

배 ½개
양파 ¼개
까나리액젓 ⅓컵
매실청 2큰술
생강청 1작은술
다진 마늘 ½컵
고춧가루 1컵

오이소박이 국물

물 1컵
소금 1작은술

만드는 법

1 오이는 소금으로 비벼 깨끗하게 씻은 뒤 3~4등분한 후 열십자로 칼집을 넣고 따뜻한 절임물에 20분 절인 후 뒤집어 다시 20분 절여 총 40분 동안 절인다.

2 절인 오이를 씻은 후 체에 밭쳐 물기를 뺀다.

3 물기 뺀 오이에 면보를 덮고 무거운 것을 올려 30분 정도 눌러준 후 면보로 하나씩 물기를 제거한다.

4 부추와 쪽파는 2cm 길이로 썬다.

5 배와 양파를 믹서에 간 뒤 나머지 양념 재료와 섞어서 양념을 만든다.

6 5의 양념에 쪽파, 부추를 넣고 버무려 소를 만든 다음 절인 오이 속에 소를 넣고 통에 담는다.

7 양념 버무린 그릇에 오이소박이 국물 재료를 넣어 섞은 후 통에 붓는다.

이종임 요리 팁

◎ 따끈한 절임물을 사용하면 오이에 막이 생겨 덜 물러지므로 목욕물 정도로 따끈한 물에 절인다.
◎ 까나리액젓 대신 멸치액젓을 사용해도 좋다.

만드는 법 동영상

저당오이김밥

재료 및 분량(2인분)

쌀 ¾컵
파로 ¼컵
다시마(10×10cm) 1장
물 1½컵
오이 1개
김(김밥용) 4장
통깨 약간
양조간장 약간
고추냉이 약간

식초물

식초 1큰술
알룰로스 ½큰술
소금 ½작은술

만드는 법

1 쌀은 씻어서 30분 불린다. 파로는 불리지 않은 채로 씻어 불린 쌀과 물(1¼컵), 다시마를 넣고 고슬고슬하게 밥을 짓는다.

2 분량의 식초물 재료를 모두 섞어 소금이 녹으면 파로밥이 뜨거울 때 넣고 고루 섞은 후 식힌다.

3 오이는 돌려 깎아 채 썬다. 얇게 말기 위해 김을 ¼ 정도 잘라 낸 다음 밥을 펼쳐 통깨를 뿌리고 오이 채를 얹은 후 돌돌 말아 먹기 좋게 썬다.

4 김밥에 양조간장과 고추냉이를 곁들여 낸다.

이종임 요리 팁

◎ 파로는 고대 슈퍼 곡물로 식욕 조절과 혈당 조절에 도움이 되고, 배고픔을 유발하는 피트산이 적어 지속적인 포만감을 줍니다.
◎ 파로밥은 쌀:파로=7:3의 비율로 밥을 짓는데, 5:5 비율까지 괜찮습니다.
◎ 파로는 밥을 지을 때 미리 불리지 않아도 됩니다.
◎ 밥이 뜨거울 때 식초물을 넣어야 밥이 질어지지 않습니다.

만드는 법 동영상

나박김치

재료 및 분량

무 ½개(600g)
배추 6잎(500g)
오이 1개
빨강 파프리카 ½개
미나리 100g
쪽파 40g
고춧가루 3½큰술
소금 5큰술
물 10컵(2L)

향신즙

물 ¼컵
배 1개(780g)
양파 ½개
마늘 15알
생강 5g
빨강 파프리카 ½개

만드는 법

1 무와 배추는 1.5cm 크기로 나박썰기 한다. 김치통에 무와 배추를 담고 소금(4큰술)을 고루 뿌려 10분간 절인 후 물(10컵)을 붓는다.

2 오이, 파프리카는 1.5cm 크기로 썰고, 미나리와 쪽파는 1.5cm 길이로 썬다.

3 믹서에 물(¼컵)과 나머지 향신즙 재료를 넣고 곱게 갈아 면보로 거른 다음, 면보 주머니에 고춧가루를 넣고 주물러가며 고춧물을 우린다.

4 절여진 무와 배추의 국물에 3의 고춧물을 붓고, 색을 봐가면서 고춧물을 더 우린 다음 나머지 소금으로 간간하게 간을 맞춘다.

5 4에 2의 채소를 넣고 상온에서 하루 정도 숙성시킨 뒤 냉장 보관한다.

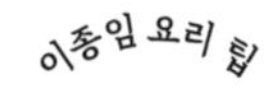

◎ 파프리카 ½개를 김칫소 재료로 사용하고 나머지 ½개는 향신즙에 사용합니다.

만드는 법 동영상

얼갈이멸치된장지짐

재료 및 분량(4인분)
※ 나무숟가락 계량

얼갈이배추 ½단(750g)
멸치 30g
대파 ½개
풋고추 1개
홍고추 1개
멸치 육수 3컵

양념

집된장 3큰술(또는 시판 된장 5큰술)
들기름 2큰술
다진 마늘 2큰술
고춧가루 1큰술
깨소금 1큰술

만드는 법

1 얼갈이배추는 다듬어 끓는 물에 소금을 약간 넣고 3~4분 데친 다음 찬물에 헹궈 물기를 짜고 길게 썬다.

2 멸치는 대가리와 내장을 제거한 후 반을 가른 다음 팬에서 볶아놓는다.

3 대파, 풋고추, 홍고추는 어슷하게 썰고, 분량대로 섞어 양념을 만든다.

4 얼갈이에 양념을 넣고 손으로 조물조물 무친다.

5 냄비에 4의 양념한 얼갈이를 넣고 멸치 육수를 자작하게 부어 강불에서 한소끔 끓인 후 중불에서 20분 정도 서서히 조린다.

6 5에 대파, 풋고추, 홍고추를 넣고 3~4분 정도 끓인다.

만드는 법 동영상

이종임 요리 팁

◎ 얼갈이배추 대신 무청, 열무 데친 것을 사용해도 좋습니다.

햇양파덮밥

재료 및 분량(2인분)

밥 2공기
햇양파 1½개
부추 40g
대파 ⅓개
다진 마늘 1큰술
달걀프라이 2개
만능간장 2큰술(또는 양조간장 1½큰술, 맛술 1큰술)
참기름 1작은술
깨소금 1큰술
식용유 1큰술

만드는 법

1 양파는 3mm 두께로 채 썰고, 부추와 대파는 송송 썬다.

2 팬에 기름을 두르고 대파와 다진 마늘을 볶는데, 마늘이 타지 않도록 대파를 먼저 볶은 후 마늘을 넣어 볶는다. 그런 다음 양파를 넣어 4~5분간 볶는다.

3 2에 만능간장을 넣어 볶은 후 참기름, 깨소금을 뿌린다.

4 밥 위에 3의 양파볶음을 올린 다음 달걀프라이와 송송 썬 부추를 올려 완성한다.

만드는 법 동영상

이종임 요리 팁

◎ 만능간장 대신 양조간장 1½큰술과 맛술 1큰술(원당 ½큰술)로 대체할 수 있습니다. 시판 맛간장을 사용해도 됩니다.

새우젓부추전

재료 및 분량(2장)

부추 100g
홍고추 1개
다진 새우젓 1작은술
밀가루 6큰술
물 5큰술
식용유 2큰술

초간장

양조간장 1큰술
식초 1작은술
물 1큰술
송송 썬 실파 1큰술
통깨 ½작은술

만드는 법

1 부추는 깨끗이 씻어 1cm 길이로 썬다. 홍고추는 송송 썬다.

2 볼에 부추, 홍고추, 다진 새우젓, 밀가루를 넣고 잘 섞은 후 물을 넣어 반죽한다.

3 팬을 달군 후 식용유를 두르고 2의 반죽을 얇게 펼쳐 앞뒤로 뒤집어 가며 노릇하게 부친다.

4 초간장 재료를 섞어 새우젓부추전에 곁들인다.

이종임 요리 팁

◎ 새우젓은 짠맛이 강하므로 곱게 다져 사용하세요.
◎ 부침가루보다 밀가루를 사용할 경우 기름을 덜 흡수합니다.
◎ 부추 대신 미나리를 써도 좋습니다.

만드는 법 동영상

햇감자매콤조림

재료 및 분량(3인분)

감자 5개(530g)
양파 ½개
대파(10cm) 1토막
풋고추 1개
다진 마늘 1큰술
식용유 1큰술
들기름 1큰술
통깨 1작은술

양념

멸치 육수(또는 물) 1컵
고추장 ½큰술
양조간장 2큰술
조청 ½큰술
고춧가루 1큰술

만드는 법

1 감자는 반으로 썬 다음 반달 모양을 살려 0.5cm 두께로 썬다. 양파는 1cm 두께로 채 썰고, 대파와 풋고추는 송송 썬다.

2 분량의 재료를 섞어 양념을 만든다.

3 팬에 식용유와 들기름을 두르고 대파와 다진 마늘을 넣어 충분히 볶은 다음 감자를 넣어 5분간 볶는다.

4 섞어둔 양념을 3에 넣고 뚜껑을 덮어 중불에서 5분간 익힌 후 뚜껑을 열고 3분간 볶는다. 고추를 넣어 한소끔 끓인 후 통깨를 뿌려 완성한다.

이종임 요리 팁

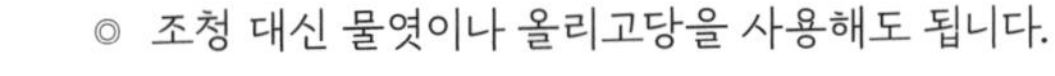

◎ 조청 대신 물엿이나 올리고당을 사용해도 됩니다.
◎ 들기름 대신 참기름을 사용해도 괜찮아요.
◎ 대파와 다진 마늘을 충분히 볶으면 풍미가 좋아집니다.

만드는 법 동영상

Part 2

여름

애호박고추장찌개

여름

재료 및 분량(2인분)

애호박 1개
돼지고기(사태) 200g
감자 1개
양파 ½개
대파 ½개
풋고추 1개
홍고추 1개
물 3½컵
고추장 3큰술
다진 마늘 1작은술
고춧가루 1큰술
국간장 1작은술
식용유 1작은술

고기 양념

국간장 1작은술
청주 1작은술
다진 마늘 1작은술
후춧가루 약간

만드는 법

1 애호박과 감자는 큼직하게 썰고, 양파는 반을 가른 후 길이로 썰고, 대파, 고추는 어슷하게 썬다.

2 돼지고기는 먹기 좋게 썰어 분량의 고기 양념 재료를 넣고 버무린다.

3 냄비에 기름을 두르고 양념한 돼지고기를 넣고 볶다가 물(3½컵)을 넣어 한소끔 끓인다.

4 3의 냄비에 고추장을 넣어 풀고 애호박과 감자를 넣어 중불에서 30분간 끓인다.

5 4에 양파를 넣고 다진 마늘, 고춧가루를 넣어 10분간 더 끓인다.

6 5에 대파, 고추를 넣고 한소끔 끓인 다음 국간장으로 간을 맞춘다.

이종임 요리 팁

◎ 애호박고추장찌개는 푹 끓여야 맛있습니다.

◎ 돼지고기는 기름이 적고 식감이 좋은 사태가 좋은데, 사태 대신 목살이나 앞다리살을 사용해도 됩니다.

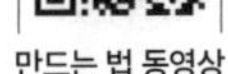

만드는 법 동영상

애호박새우전

여름

재료 및 분량(3인분)

애호박 1개
잔새우 ½컵
양파 ¼개
청양고추 1개
홍고추 1개
달걀 1개
부침가루 ½컵
소금 1작은술
식용유 2큰술

초간장

양조간장 1큰술
식초 1작은술
물 1큰술
통깨 ½작은술
송송 썬 실파 1큰술

만드는 법

1 애호박을 채칼로 너무 길지 않게 썰어준 후 소금(1작은술)을 뿌려 5분간 절인다.

2 잔새우는 씻어놓고, 양파는 채 썰고, 청양고추와 홍고추는 송송 썰어 씨를 제거한다.

3 절인 애호박은 물기를 짠다. 달걀을 푼 후 애호박, 잔새우, 양파, 청양고추, 홍고추, 부침가루를 넣고 잘 섞는다.

4 달군 프라이팬에 식용유를 두르고 3의 반죽을 먹기 좋은 크기로 부어 노릇하게 부친다.

5 분량의 재료를 섞어 초간장을 만들어 애호박새우전에 곁들인다.

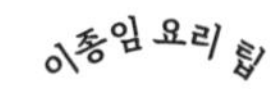

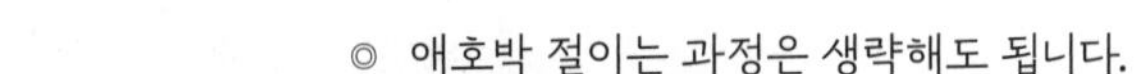

◎ 애호박 절이는 과정은 생략해도 됩니다.
◎ 잔새우 대신 생새우 살, 오징어, 조갯살을 사용해도 됩니다.

만드는 법 동영상

둥근호박볶음

여름

재료 및 분량(3인분)

둥근 호박 1개(600g)
양파 ½개
대파(10cm) 1토막
홍고추 1개
다진 마늘 1큰술
새우젓 1큰술
소금 ½작은술
참기름 ½큰술
깨소금 ½큰술
식용유 1큰술

만드는 법

1 둥근 호박은 반으로 자르고 길이로 4등분 해서 큼직하게 썬다. 호박에 소금(½작은술)을 뿌려 전자레인지 용기에 넣은 후 전자레인지에 4분간 익힌다. 수분이 있으므로 다른 접시에 옮겨 한 김 식힌다.

2 양파는 호박과 비슷한 크기로 썰고, 대파는 굵게 어슷썰기 하고, 홍고추는 반 갈라 어슷하게 썬다.

3 팬에 식용유를 두르고 양파, 대파, 다진 마늘을 넣고 볶은 후 호박, 새우젓을 넣어 3분간 볶는다.

4 3에 홍고추, 참기름, 깨소금을 넣어 1분 정도 볶아 완성한다.

이종임 요리 팁

◎ 호박은 식감을 살리기 위해 큼직하게 썰어주세요.

◎ 호박은 아삭한 식감을 원하면 짧게 볶고, 부드러운 식감을 원하면 오래 볶습니다.

◎ 전자레인지 용기가 없으면 도자기 접시에 호박을 넣고 랩을 씌운 다음 구멍을 내서 전자레인지에 돌려도 됩니다.

만드는 법 동영상

가지애호박구이

여름

재료 및 분량(4인분)
※ 나무숟가락 계량

가지 3개
애호박 1개
물 4컵
소금 2작은술
식용유 2큰술

달래 양념장

달래 30g
풋고추 1개
홍고추 1개
양조간장 3큰술
국간장 1큰술
매실청 2큰술
참기름 1큰술
다진 마늘 1큰술
고춧가루 2큰술
통깨 1작은술

만드는 법

1 가지는 3등분 한 후 길이로 4등분 하여 납작하게 썬다.
2 애호박은 7~8mm 두께로 둥글납작하게 썬다.
3 물(2컵)에 소금(1작은술)을 푼 소금물에 가지와 호박을 각각 10분간 절인 후 물기를 닦는다.
4 팬에 기름을 두르고 가지와 호박을 넣어 앞뒤로 노릇하게 굽는다.
5 달래는 송송 썰고 고추는 다진 다음 나머지 양념장 재료를 섞는다.
6 구운 가지와 호박 위에 5의 달래 양념장을 끼얹는다.

만드는 법 동영상

이종임 요리 팁

◎ 양조간장과 국간장을 섞어 쓰면 감칠맛이 좋습니다.

가지냉국

여름

재료 및 분량(3인분)

가지 2개
오이 ½개
홍고추 ½개
소금 1작은술

양념

국간장 ½작은술
참기름 ½작은술
다진 파 1큰술
다진 마늘 1작은술
고운 고춧가루 ½작은술
깨소금 1작은술

냉국물

물 2컵
식초 2큰술
매실청 1큰술
설탕 ½큰술
소금 1작은술
얼음 1컵

만드는 법

1 가지는 4cm로 길이로 토막 내 손가락 두께 정도로 길이로 등분한다. 소금(1작은술)을 뿌려 10분간 가지를 절인다.

2 절인 가지는 물기를 짜서 전자레인지에 2분 30초간 익힌 후 접시에 넓게 펼쳐 한 김 식힌다.

3 오이와 홍고추는 채 썬다.

4 분량의 재료를 섞어 양념을 만든 다음 가지에 넣고 조물조물 무친다.

5 얼음을 제외한 분량의 냉국물 재료를 섞은 다음 4의 가지나물, 채 썬 오이와 홍고추를 넣고 얼음을 띄워 낸다.

만드는 법 동영상

이종임 요리 팁

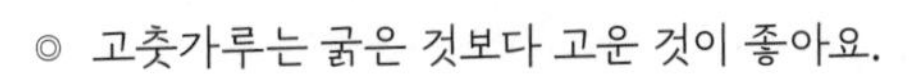

◎ 고춧가루는 굵은 것보다 고운 것이 좋아요.

◎ 가지를 양념하여 무친 후 냉국물을 부어야 더 맛있습니다.

가지두부덮밥

재료 및 분량(3인분)

밥 3공기
가지 2개
두부 ⅔모(200g)
돼지고기(다짐육) 100g
건표고버섯 2개
애호박 ¼개
양파 ½개
풋고추 1개
홍고추 1개
대파 ½개
마늘 2알
참기름 1작은술
깨소금 1작은술
식용유 2작은술

덮밥 소스

멸치 육수 2컵
고추장 1큰술
된장 1큰술
양조간장 2큰술
고춧가루 1½큰술
물녹말 ½큰술(녹말가루 ½큰술, 물 ½큰술)

고기 양념

양조간장 1작은술
청주 1작은술
후춧가루 약간

만드는 법

1 두부는 사방 1cm 크기로 네모지게 썰고, 가지, 불린 건표고버섯, 애호박, 양파도 사방 1cm 크기로 썬다.
2 풋고추, 홍고추, 대파는 잘게 썰고, 마늘은 굵게 다진다.
3 돼지고기는 고기 양념 재료를 넣어 밑간한다.
4 달군 팬에 기름을 두르고 대파와 다진 마늘을 넣어 충분히 볶아 향을 내고, 가지를 넣어 충분히 볶은 후 고기를 넣어 볶고, 애호박과 양파, 표고버섯을 넣어 더 볶는다.
5 4에 멸치 육수를 붓고 고추장, 된장, 간장, 고춧가루를 넣고 한소끔 끓인다.
6 5에 두부를 넣어 끓인 후 물녹말을 넣어 농도를 내고 풋고추, 홍고추, 참기름, 깨소금을 넣는다. 밥 위에 올려 완성한다.

만드는 법 동영상

이종임 요리 팁

◎ 물녹말은 한꺼번에 넣지 말고 농도를 보면서 조절해 주세요.

고구마순멸치지짐 & 고구마순들깨찜

고구마순멸치지짐

재료 및 분량(4인분)

고구마 순(손질한 것) 400g, 중멸치 40g, 홍고추 ½개, 대파(10cm) 1토막, 들기름 1큰술, 식용유 1큰술, 물 3~3½컵

양념

집된장 2큰술(시판 된장 3큰술), 들기름 1큰술, 다진 마늘 1큰술, 고춧가루 1큰술, 깨소금 1큰술

만드는 법 동영상

만드는 법

1 껍질을 벗긴 고구마 순은 6cm 길이로 썰어 끓는 물(6컵)에 소금(2작은술)을 넣고 5분간 데친 후 찬물에 헹궈 물기를 제거한다.

2 중멸치는 대가리와 내장을 제거하고, 홍고추와 대파는 송송 썬다.

3 데친 고구마 순에 모든 양념 재료를 넣고 조물조물 무친다.

4 냄비에 들기름과 식용유를 넣고 3의 고구마 순을 볶다가 중멸치와 물(3~3½컵)을 넣고 뚜껑을 닫아 한소끔 끓인 다음 중불에서 25분 정도 푹 익힌다. 마지막으로 대파와 홍고추를 넣고 살짝 끓인다.

고구마순들깨찜

재료 및 분량(4인분)

고구마 순(손질한 것) 500g, 소고기(국거리) 150g, 양파 ½개, 대파 ¼개, 홍고추 1개, 들기름 1큰술, 다진 마늘 1큰술, 물 2컵, 습식 찹쌀가루 2큰술, 거피 들깻가루 ½컵(6큰술), 물 3큰술, 국간장 1큰술

만드는 법

1 고구마 순은 먹기 좋게 썬 후 끓는 소금물에 넣어 5분간 데친다.

2 양파는 도톰하게 채 썰고, 대파와 홍고추는 어슷하게 썬다.

3 팬에 들기름을 두르고 소고기와 데친 고구마 순과 다진 마늘을 넣어 고기가 익을 때 까지 볶은 후 물(2컵)과 양파를 넣어 20분간 끓인다.

4 습식 찹쌀가루와 거피 들깻가루에 물(3큰술)을 넣어 고루 잘 섞는다.

5 3에 4를 부어 잘 섞은 후 국간장으로 간한 후 홍고추, 대파를 넣고 3~5분 끓여 완성한다.

만드는 법 동영상

오이지 & 오이지무침 & 오이지냉국

여름

오이지

재료 및 분량

오이 30개, 물 18컵(3.6L), 천일염 330g, 건고추 3개

만드는 법 동영상

만드는 법

1 오이는 물에 씻지 않고 행주로 닦은 후 끓는 물에 넣어 3~4초 정도 살짝 데쳐 건진다.

2 냄비에 물과 천일염을 넣고 팔팔 끓인다.

3 통에 오이를 켜켜이 담고 건고추를 넣은 다음 2의 뜨거운 소금물을 붓고 누름돌을 얹어 뚜껑을 닫고 보관한다.

4 3~4일 후에 국물을 따라 내서 5분간 끓인 후 식혀 다시 붓고 김치냉장고에 넣어 보관한다.

이종임 요리 팁

◎ 오이지는 끓는 소금물을 붓고 바로 뚜껑을 닫아 보관해야 아삭아삭합니다.

오이지무침

재료 및 분량

오이지 2개

양념

홍고추 ¼개, 매실청 1작은술, 참기름 1작은술, 다진 파 1큰술, 다진 마늘 1작은술, 깨소금 1작은술

만드는 법

1 오이지는 깨끗이 씻어 둥글납작하게 썰어 물에 주물러 씻어 짠맛을 뺀 다음 물기를 꼭 짜서 분량의 양념 재료를 넣어 무친다.

이종임 요리 팁

◎ 오이지를 무칠 때 기호에 따라 고춧가루를 넣어도 맛있습니다.
◎ 오이지가 짜기 때문에 물에 주물러 씻어 짠맛을 빼고 물기를 꼭 짜서 무쳐야 짜지 않고 맛있어요.

오이지냉국

재료 및 분량

오이지무침 2개 분량

냉국물

물 2컵, 식초 2큰술, 매실청 1큰술, 원당 2작은술, 소금 1작은술, 통깨 1작은술, 얼음 ½컵

만드는 법

1 얼음을 제외한 분량의 냉국물 재료를 섞은 후 오이지무침을 넣고 얼음을 띄운다.

노각생채

재료 및 분량(4인분)

노각 1개(900g)
쪽파 2줄기
쌀올리고당 ¼컵
소금 ½큰술

양념

고추장 2큰술
식초 2큰술
다진 파 2큰술
다진 마늘 1큰술
고춧가루 2큰술
통깨 ½큰술

만드는 법

1 노각은 껍질을 벗긴 후 길이로 반 갈라 씨를 제거한 다음 양 끝 2cm 정도 잘라 낸 후 4~5mm 두께로 썬다.

2 노각에 쌀올리고당, 소금을 넣어 40분간 절인 후 물기를 꼭 짠다.

3 볼에 분량의 양념 재료를 넣고 섞은 후 물기 짠 노각을 넣고 고루 버무린다. 마지막으로 송송 썬 쪽파를 뿌려 완성한다.

이종임 요리 팁

◎ 쌀올리고당이 없으면 설탕을 넣어 절입니다.

◎ 노각은 수분이 많으므로 생채로 버무릴 때는 쌀올리고당과 소금으로 푹 절인 후 수분을 제거하는 것이 가장 중요합니다.

만드는 법 동영상

컬러고추청
2021.05.29

컬러고추청 & 오이미역냉국

여름

컬러고추청

재료 및 분량

컬러고추(다양한 색상) 200g

원당(또는 설탕) 1컵

만드는 법

1 컬러고추는 반을 갈라 씨를 뺀 후 사방 0.5cm 크기로 잘게 썬다.

2 볼에 컬러고추와 원당을 넣고 버무려 원당을 잘 녹인 후에 용기에 담는다.

이종임 요리 팁

◎ 고추씨를 제거해야 고추청이 깔끔합니다.

◎ 파프리카를 비롯해 고추를 개량한 품종들이 요즘 많이 나오고 있습니다. 풋고추, 홍고추와 함께 섞어서 청을 만들면 파프리카의 달콤한 맛과 함께 예쁜 색깔도 즐길 수 있어요.

◎ 원당이나 설탕이 완전히 녹지 않은 상태로 병에 담으면 입자가 가라앉아 잘 녹지 않으므로 원당이나 설탕이 다 녹을 때까지 좀 뒀다가 용기에 담아주세요.

만드는 법 동영상

오이미역냉국

재료 및 분량(4인분)

건미역(자른 것) 20g, 오이 ½개, 실파 2줄기, 국간장 3큰술, 컬러고추청 2큰술(또는 매실액 2큰술 또는 설탕 2큰술), 다진 마늘 ½큰술, 물 4컵, 2배식초 2큰술, 통깨 ½큰술, 얼음 1컵

만드는 법

1 미역은 찬물에 담가 5분 정도 불렸다가 씻은 후 끓는 물에 소금을 넣고 20초간 데친다. 데친 미역은 찬물에 한 번 씻어 체에 밭쳐서 물기를 짠다.

2 오이는 채 썰고, 실파는 송송 썬다.

3 미역에 국간장, 컬러고추청, 다진 마늘을 넣어 양념한 후 물을 붓고 오이를 넣는다. 식초를 넣고 섞은 후 실파와 통깨, 얼음을 띄운다.

이종임 요리 팁

◎ 냉국용 미역은 반드시 찬물에 담가 불려주세요.

◎ 미역의 색감을 살리기 위해 살짝 데쳐서 쓰는 것이 좋습니다.

◎ 실파가 없으면 대파 흰 부분을 다져 사용해도 괜찮습니다.

◎ 컬러고추청 대신 풋고추, 홍고추 다진 것과 설탕을 넣어도 됩니다.

오이부추김치

여름

재료 및 분량

오이 5개(880g)
부추 100g
쪽파 50g
물 ½컵
소금 ⅓작은술

절임물

물 2컵
소금 3큰술

양념

양파 ¼개
배 ¼개
까나리액젓 ¼컵
생강청 1작은술
다진 마늘 3큰술
고춧가루 ½컵

만드는 법 동영상

만드는 법

1 오이는 길이로 반을 가른 후 씨를 제거하고, 씨는 따로 덜어놓는다.

2 씨를 제거한 오이는 손가락 두께로 4cm 길이로 썰어 절임물에 30~40분간 절인 후 물기를 꼭 짠다.

3 부추와 쪽파는 4cm 길이로 썬다.

4 덜어놓은 오이씨와 양파, 배를 곱게 간 다음 나머지 양념 재료와 섞어 양념을 만든다.

5 그릇에 절인 오이와 양념을 넣어 섞은 후 부추와 쪽파를 넣어 살며시 버무린다.

6 김치통에 5의 오이부추김치를 담고 오이부추김치를 버무린 그릇에 물(½컵), 소금(⅓작은술)을 넣고 잘 섞어 김치 국물을 만들어 김치통에 붓는다.

이종임 요리 팁

◎ 오이를 절일 때 오이가 구부러질 정도로 절이면 됩니다.

비름나물 & 깻잎순나물

여름

비름나물

재료 및 분량

비름나물 150g, 통깨 약간

양념

국간장 ½큰술, 참기름 1작은술, 다진 파 1큰술, 다진 마늘 ½큰술, 깨소금 1작은술

만드는 법

1 비름나물은 손질해 깨끗이 씻어 끓는 물에 소금(1작은술)을 넣고 3분간 데친다. 데친 비름나물을 찬물에 헹군 후 물기를 꼭 짜서 먹기 좋게 썬다.

2 분량의 재료를 섞어 양념을 만든 후 데친 비름나물에 넣고 조물조물 무친다.

이종임 요리 팁

◎ 비름나물은 고추장 양념으로 무쳐도 맛있습니다.(고추장 2큰술, 참기름 1큰술, 다진 파 1큰술, 다진 마늘 ½큰술, 원당 1작은술, 깨소금 1큰술)

◎ 연한 비름나물은 1~2분 정도 데칩니다.

만드는 법 동영상

깻잎순나물

재료 및 분량

깻잎 순 300g, 홍고추 ½개, 들기름 1큰술, 물 2큰술, 소금 1작은술

양념

국간장 1큰술, 들기름 1큰술, 다진 파 2큰술, 다진 마늘 1큰술, 깨소금 1큰술

만드는 법

1 끓는 물에 소금(1작은술)을 넣고 깻잎 순을 넣어 2분간 데친다. 데친 깻잎 순은 찬물에 헹궈 물기를 짠 후 먹기 좋은 크기로 썬다. 홍고추는 채 썬다.

2 분량의 재료를 섞어 만든 양념을 깻잎 순에 넣고 버무린다.

3 달군 팬에 들기름을 두르고 2의 깻잎 순을 넣고 볶다가 물(2큰술)을 넣고 채 썬 홍고추를 넣어 볶아 완성한다.

이종임 요리 팁

◎ 깻잎순나물은 데친 후 물기를 너무 꽉 짜면 뻣뻣해져 부드럽지 않습니다.

고추장비름나물 & 비름나물숙채국

고추장비름나물

재료 및 분량

비름나물 300g, 홍고추 ½개

양념

고추장 2큰술, 참기름 1큰술, 다진 파 1큰술, 다진 마늘 ½큰술, 원당 1작은술, 깨소금 1큰술

만드는 법 동영상

만드는 법

1 비름나물은 깨끗이 씻어 잠길 정도의 끓는 물에 소금(1작은술)을 넣고 1~2분 정도 살짝 데친 뒤 바로 찬물에 헹궈 물기를 짠 후 먹기 좋게 썬다.

2 1의 비름나물에 분량의 재료를 섞어 만든 양념과 채 썬 홍고추를 넣고 조물조물 무친다.

비름나물숙채국

재료 및 분량

비름나물 150g, 애호박 ⅓개, 멸치 육수 4컵, 국간장 2작은술

양념

고추장 1큰술, 국간장 1작은술, 다진 파 ½큰술, 다진 마늘 2작은술, 참기름 ½큰술, 깨소금 ½큰술

만드는 법

1 비름나물은 손질해 깨끗이 씻어 잠길 정도의 끓는 물에 소금(1작은술)을 넣고 1~2분간 데친다. 데친 비름나물은 찬물에 헹궈 물기를 꼭 짠 다음 먹기 좋게 썬다.

2 애호박은 채 썰고, 분량대로 섞어 양념을 만든다.

3 데친 비름나물에 양념을 넣고 조물조물 무친다.

4 멸치 육수가 끓으면 애호박과 비름나물, 국간장을 넣고 3분간 끓여 완성한다.

이종임 요리 팁

◎ 연한 비름나물은 30초~1분 정도만 데치면 됩니다.

깻잎찬

여름

재료 및 분량

※ 나무숟가락 계량

깻잎 50장

청양고추(또는 풋고추) 2개

대파 ½개

양념

양파(간 것) ½개분

양조간장 5큰술

참기름 ½큰술

다진 마늘 1큰술

고춧가루 3큰술

통깨 1큰술

만드는 법

1 깻잎은 소금물에 담갔다가 깨끗이 씻어 물기를 털어놓는다.

2 청양고추, 대파는 반으로 갈라서 얇게 송송 썬다.

3 2의 청양고추와 대파, 분량의 재료를 섞어 양념을 만든다.

4 깻잎을 올리며 위에 켜켜이 양념을 고루 바른다.

이종임 요리 팁

◎ 소금물에 채소를 담갔다가 씻으면 깨끗하게 세척이 가능합니다.

◎ 깻잎찜은 김오른 찜기에 양념 바른 깻잎을 넣고 5분간 쪄서 만듭니다. 냉장 보관 할 때는 3일 이내로 먹는 것이 좋아요.

만드는 법 동영상

꽈리고추찜

여름

재료 및 분량
※ 나무숟가락 계량

꽈리고추 40개(200g)
풋고추 1개
홍고추 1개
메밀가루 ¼컵
참기름 1큰술
통깨 1큰술

양념

양조간장 1큰술
국간장 1큰술
매실청 1큰술
다진 파 2큰술
다진 마늘 1큰술
고춧가루 1½큰술

만드는 법

1 꽈리고추는 꼭지를 따고 포크로 구멍을 낸 다음 메밀가루를 고루 묻힌다.

2 찜기에 젖은 면보를 깐 다음 꽈리고추에 메밀가루를 묻혀 올리고 스프레이로 물을 뿌려 5~6분간 찐 다음 꽈리고추를 꺼내 펼쳐 완전히 식힌다.

3 풋고추, 홍고추는 반을 갈라 씨를 털어 내고 채 썬다.

4 분량의 재료를 섞어 양념을 만든다.

5 찐 고추에 3의 풋고추, 홍고추와 4의 양념을 넣어 살며시 버무린 다음 참기름, 통깨를 넣어 완성한다.

이종임 요리 팁

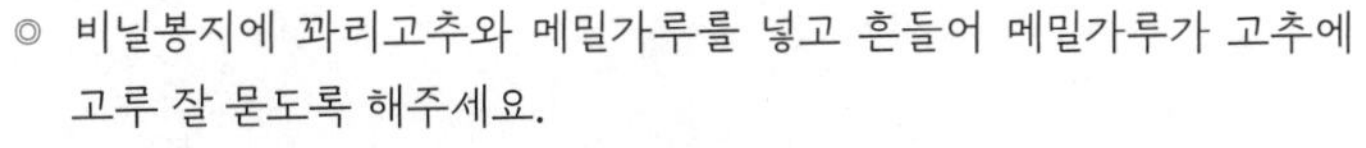

◎ 비닐봉지에 꽈리고추와 메밀가루를 넣고 흔들어 메밀가루가 고추에 고루 잘 묻도록 해주세요.

◎ 메밀가루가 없으면 밀가루를 써도 됩니다.

만드는 법 동영상

열무김치

재료 및 분량

※ 나무숟가락 계량

열무 1단(2.2kg)
쪽파 150g
양파 ½개
풋고추 3개
홍고추 2개

절임물

물 10컵(2L)
굵은소금 1컵

양념 1

배(중) 1개
찐 감자 1개(130g)
양파 ½개
홍고추 10개(100g)
마늘 8알
새우젓 2큰술
물 3½컵

양념 2

멸치액젓 5큰술
매실청 2큰술
생강청 2큰술
고춧가루 1컵
소금 3큰술

만드는 법

1 열무는 다듬어 6~7cm 길이로 썬 다음 깨끗이 씻는다.

2 물과 굵은소금을 섞은 절임물에 1의 열무를 넣고 1시간 30분간 절인다. 이때 30분 간격으로 뒤집어 가면서 절인다.

3 절인 열무는 가볍게 두 번 씻은 다음 채반에 밭쳐 물기를 뺀다.

4 쪽파는 4cm 길이로 썰고, 양파는 채 썰고, 풋고추와 홍고추는 어슷하게 썬다.

5 믹서에 양념1 재료를 넣고 간 후, 양념2 재료를 모두 섞는다.

6 볼에 3의 절인 열무와 4의 재료를 넣고 5의 양념을 넣어 살며시 버무린다.

7 열무김치는 통에 담아 반나절 정도 상온에 두었다가 냉장 보관한다.

이종임 요리 팁

◎ 감자가 없을 때는 밥 ⅔컵 정도를 넣어도 됩니다.
◎ 매실청 대신 설탕 1~2숟가락을 넣어도 됩니다.
◎ 생강청이 없으면 다진 생강을 사용해도 괜찮습니다.
◎ 열무는 세게 버무리면 풋내가 나기 때문에 살살 버무려야 합니다.

만드는 법 동영상

보리밥얼갈이물김치

재료 및 분량

얼갈이 1단(1.5kg)

보리쌀 ½컵(보리밥 2컵(230g))

쪽파 100g

풋고추 5개

절임물

물 10컵(2L)

굵은소금 1컵

양념

감자(소) ½개

양파 1개

홍고추 14~15개

다진 마늘 1컵(100g)

다진 생강 1½작은술(6g)

고춧가루 2큰술

물 2컵

배즙 ½컵(배 ⅓개)

김치 국물

물 15컵(3L)

까나리액젓 ½컵

소금 ¼컵 + 1큰술

만드는 법 동영상

만드는 법

1 감자는 삶고 보리쌀은 밥을 짓는다.

2 얼갈이는 깨끗이 손질하고 절임물을 만들어 1시간 정도 절인 다음 가볍게 1~2번 씻어 물기를 제거한다.

3 쪽파는 4cm 길이로 썰고, 풋고추는 어슷하게 썬다.

4 믹서에 적당한 크기로 썬 감자를 비롯한 분량의 양념 재료를 넣고 15~20초 정도 갈아 양념을 만든다.

5 4의 양념에 분량의 김치 국물 재료를 모두 넣어 김치 국물을 만든 다음 보리밥을 섞어준다.

6 김치통에 얼갈이와 3의 채소, 5의 김치 국물을 넣고 하루 정도 상온에서 숙성시킨 다음 냉장 보관 한다.

이종임 요리 팁

◎ 비빔국수에 얼갈이김치와 채소를 얹고 얼갈이물김치 국물을 부어 시원한 김치말이국수로 즐겨도 좋아요.

◎ 온도에 따라 익는 정도가 다를 수 있으니 숙성 정도를 확인한 다음에 냉장고에 넣어주세요.

감자전 & 감자채전

감자전

재료 및 분량(2인분)

감자 2개(250g)
양파 ¼개
당근 ⅛개
풋고추 1개
소금 ½작은술
식용유 2큰술

만드는 법 동영상

만드는 법

1 감자는 껍질을 벗겨 강판이나 블렌더를 이용해 갈고 소금을 넣어 섞은 다음 체에 밭쳐 감자 건더기를 분리한다. 국물은 전분 앙금 가라앉혀서 물을 따라 내고 바닥에 가라앉은 앙금만 쓴다.

2 양파와 당근, 풋고추는 다진다.

3 1의 감자 건더기에 가라앉힌 전분 앙금과 2의 다진 양파와 당근, 풋고추를 넣어 잘 섞는다.

4 달군 팬에 기름을 두르고 3의 반죽을 1스푼씩 넣고 지진다.

이종임 요리 팁

◎ 감자를 갈 때 소금을 넣어주면 갈변을 막을 수 있습니다.

감자채전

재료 및 분량(2인분)

감자 2개(250g)
당근 ⅛개
풋고추 2개
소금 ½작은술
식용유 2큰술

만드는 법

1 감자와 당근은 슬라이서로 둥근 모양을 살려 얇게 저민 다음 칼로 곱게 채 썬다. 풋고추는 반을 갈라 채 썬다.

2 채 썬 감자에 소금을 넣고 10분간 절인 다음 물기를 짠다.

3 채 썬 감자에 당근과 풋고추를 넣고 잘 섞는다.

4 달군 팬에 기름을 두른 다음 3의 반죽을 1스푼씩 넣고 동그랗게 모양 잡아 앞뒤로 노릇하게 지진다.

이종임 요리 팁

◎ 감자채를 곱게 썰어야 바삭한 전을 만들 수 있습니다.

콩나물무침 & 콩나물냉국

여름

콩나물무침

재료 및 분량(4인분)

콩나물 1봉지(300g)
실파 2줄기
깨소금 1작은술

양념

국간장 1작은술
참기름 1작은술
다진 파 1큰술
다진 마늘 1작은술
고춧가루 2작은술
소금 ½작은술

만드는 법

1 냄비에 물(½컵)을 넣고 콩나물을 넣어 강불에 뚜껑 닫은 채로 3분간 익힌 후 뜨거울 때 바로 얼음물에 헹군다.

2 데친 콩나물에 분량의 양념 재료를 넣고 고루 버무린다. 모자란 간은 소금으로 맞춘다.

3 2에 송송 썬 실파와 깨소금을 뿌려 완성한다.

이종임 요리 팁

◎ 콩나물 데칠 때 소금을 넣으면 콩나물이 질겨질 수 있습니다. 물을 너무 많이 넣으면 수용성 성분들이 빠지므로 ½컵 정도만 넣는 것이 좋아요. 그래도 충분히 잘 삶아집니다.

◎ 마늘, 참기름, 깨소금 등은 식성에 따라 가감하세요.

콩나물냉국

재료 및 분량(4인분)

콩나물 1봉지(300g)
풋고추 ½개
홍고추 약간
물 6컵(1.2L)
다시마(5×5cm) 3장
다진 마늘 1작은술
국간장 1큰술
소금 1작은술
통깨 1작은술
얼음 1컵

만드는 법

1 물(6컵)에 다시마를 넣고 끓기 시작할 때부터 8분간 끓인 후 다시마는 건진다.

2 1의 다시마물에 콩나물, 다진 마늘을 넣고 뚜껑 닫은 채로 2분간 삶는다.

3 데친 콩나물은 건져 아삭한 식감을 위해 얼음물에 담갔다가 체에 밭쳐 물기를 제거한다.

4 풋고추와 홍고추는 반으로 갈라 얇게 채 썬다.

5 콩나물 삶은 국물에 국간장과 소금을 넣어 간을 한 다음 냉장고에 넣어 차게 식힌다.

6 차가운 콩나물 국물에 콩나물, 풋고추, 홍고추를 넣은 후 통깨를 뿌리고 얼음을 띄워 완성한다.

이종임 요리 팁

◎ 냉국이므로 아삭한 식감을 살리기 위해 콩나물은 2분만 삶아주세요.
◎ 차갑게 식힌 콩나물국 느낌이므로 냉국이지만 식초를 넣지는 않습니다.

만드는 법 동영상

냉메밀국수

여름

재료 및 분량(2인분)

메밀국수 200g
무(간 것) 4큰술
양배추 60g
당근 ¼개
오이 ⅓개
방울토마토 4개
김가루 약간
통깨 약간

육수

물 6컵(1.2L)
해물 육수 팩 1개
양조간장 ⅓컵
맛술 ¼컵
가쓰오부시 1컵(6g)

만드는 법 동영상

만드는 법

1 냄비에 물(6컵)과 해물 육수 팩을 넣고 15~20분간 끓인 후 불을 끄고 간장, 맛술, 가쓰오부시를 넣어 식힌다.

2 국물이 식으면 체에 거른 다음 지퍼백에 넣어 냉동 보관 한다.

3 양배추, 당근, 오이는 채 썰고, 방울토마토는 반으로 자른다.

4 메밀국수는 끓는 물에 넣어 3~4분 정도 삶은 후 찬물에 헹궈 얼음물에 담갔다 건져 물기를 뺀다.

5 무는 강판에 갈아 물기를 약간 짠다.

6 그릇에 메밀국수와 양배추, 당근, 오이, 방울토마토, 무 간 것을 올린 후 2의 살짝 언 육수를 붓고 김가루, 통깨를 올려 완성한다.

이종임 요리 팁

◎ 가쓰오부시는 끓이면 강한 맛이 올라오므로 뜨거울 때 넣어 우려내야 합니다.

◎ 육수를 지퍼백에 소분하여 냉동 보관 해두면 메밀국수, 우동, 덮밥 등에 다양하게 활용할 수 있습니다.

◎ 기호에 따라 고추냉이(와사비)를 곁들여 드세요.

불고기냉메밀쟁반

여름

재료 및 분량(2~3인분)

소고기(불고기용) 100g, 메밀국수(생면) 200g, 적양파 ¼개, 양배추 40g, 적양배추 40g, 당근 ¼, 오이 ½개, 노랑 파프리카 ¼개, 빨강 파프리카 ¼개, 무 60g, 참외 ¼개, 방울토마토 3개, 베이비채소 약간, 청양고추 1개, 실파 1줄기, 통깨 1작은술

가쓰오부시 육수

물 4컵, 멸치 15g, 다시마(5×5cm) 2장, 가쓰오부시 1컵

육수 양념

어간장(또는 만능간장) 4큰술, 식초 4큰술, 맛술 2큰술, 고추냉이 1큰술, 원당 2큰술, 소금 1큰술

고기 양념

어간장 1작은술, 청주 1작은술, 다진 마늘 1작은술, 후춧가루 약간, 원당 ½작은술

만드는 법 동영상

만드는 법

1 멸치는 약불에서 1~2분 정도 볶는다.

2 냄비에 볶은 멸치와 물(4컵), 다시마를 넣고 한소끔 끓인 후 중불에서 20분 정도 끓여 불을 끄고 가다랑어포를 넣어 식힌다. 국물이 식으면 체에 걸러 2컵의 가쓰오부시 육수를 만든다.

3 가쓰오부시 육수에 육수 양념을 섞은 뒤 지퍼백에 넣어 얼린다.

4 소고기는 키친타월에 싸서 핏물을 제거한 후 한 입 크기로 썰어 고기 양념으로 양념한 다음 팬에서 볶는다.

5 양파, 양배추, 당근, 오이, 파프리카는 곱게 채 썰고, 무는 강판에 간다. 방울토마토는 반으로 썰고, 참외는 얇게 반달썰기 하고, 베이비채소는 씻어 물기를 뺀다.

6 냄비에 물을 붓고 끓으면 메밀국수를 넣는다. 강불에서 끓어오르면 찬물(¼컵)을 붓고 또 다시 끓어오르면 찬물을 붓는 것을 세 번 정도 반복하여 국수를 삶은 후 찬물에 헹군다.

7 그릇에 삶은 메밀국수 사리를 담은 후 5의 채소와 4의 고기를 담고 3의 살짝 얼린 육수를 붓는다.

8 무 간 것, 얇게 썬 청양고추, 송송 썬 실파, 통깨를 뿌려 완성한다.

이종임 요리 팁

◎ 가쓰오부시 육수를 만들 때 무표백 천연 펄프 육수 팩을 사용하면 좋습니다.

◎ 삶은 메밀국수는 주물러 씻은 후 얼음물에 담가 차갑게 준비하면 더 맛있습니다.

◎ 얼려놓은 육수는 방망이로 두드려서 녹이면 됩니다.

비빔냉면

여름

재료 및 분량(2인분)

냉면 사리 2개
오이 ½개
삶은 달걀 1개
통깨 1큰술

무절임

무 200g
식초 1큰술
원당 2작은술
소금 1작은술

비빔장

배양파즙 ½컵(배 ¼개, 양파 ¼개)
만능간장 ¾컵(또는 시판 맛간장 ½컵)
까나리액젓 2큰술
2배식초 ¼컵
쌀조청 ¾컵
참기름 2큰술
다진 마늘 3큰술
고운 고춧가루 ¾컵
원당 2큰술

만드는 법

1 냉면 사리는 뭉친 부분이 없도록 잘 풀어 끓는 물에 50초~1분간 데친 후 찬물에 바락바락 주물러 씻어 전분기를 뺀 다음 체에 밭쳐 물기를 제거한다.

2 무는 길이 4~5cm, 두께 0.2cm로 납작하게 썰고, 나머지 무절임 재료를 모두 넣어 20분간 절인다.

3 오이는 채 썰고, 삶은 달걀은 반으로 자른다.

4 배와 양파는 잘게 썰어 믹서에 곱게 간 후 면보로 싸서 즙을 짜 배양파즙을 만든다.

5 분량의 재료를 섞어 비빔장을 만든다.

6 냉면 사리의 물기를 짜서 그릇에 담고, 비빔장 1국자, 오이, 삶은 달걀, 무절임을 올린 후 통깨를 뿌려 완성한다.

이종임 요리 팁

◎ 비빔장은 미리 만들어서 냉장실에서 숙성시켰다 먹으면 훨씬 맛이 좋습니다.
◎ 무절임 대신 시판용 쌈무를 썰어 사용해도 좋습니다.
◎ 기호에 따라 냉면 육수를 부어 먹거나 열무김치를 곁들여도 됩니다.

만드는 법 동영상

콩국수

여름

재료 및 분량(2인분)

대두(백태) 1컵(불리면 2½컵)
미숫가루 1작은술
물 3½컵
생소면 400g
설탕 2작은술
볶은 소금 2작은술

채소

적양배추 2잎
오이 ⅓개
방울토마토 4개
반숙 달걀 1개

만드는 법

1 대두는 전날 씻어 물에 담가 불린 다음 껍질을 약간 벗겨 낸다.

2 냄비에 불린 콩을 넣고 물(3컵)을 부어 8분 정도 삶고 뚜껑을 덮은 채로 2분간 뜸 들인 후 체에 밭쳐 국물은 식히고 콩은 찬물에 헹궈 물기를 빼둔다.

3 믹서에 2의 콩과 콩물(2컵), 미숫가루, 물(½컵)을 넣고 곱게 갈아 냉장고에 넣어 차게 준비한 후 설탕, 소금을 넣고 잘 녹도록 한 번 더 갈아 콩국을 만들어 차갑게 준비한다.

4 양배추, 오이는 채 썰고, 토마토는 먹기 좋게 썬 후 냉장고에 넣어 차게 준비해 둔다.

5 생소면은 삶아 물에 헹군 후 얼음물에 담갔다 건져 물기를 빼서 그릇에 담는다. 여기에 적양배추, 오이, 토마토를 곁들여 담은 후 3의 콩국을 붓는다.

만드는 법 동영상

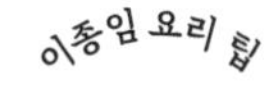

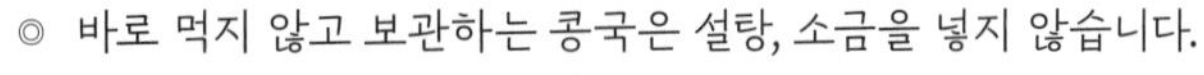

◎ 바로 먹지 않고 보관하는 콩국은 설탕, 소금을 넣지 않습니다.
◎ 볶은 소금이 없으면 일반 소금을 써도 됩니다.

서리태콩국 & 우무서리태콩국

서리태콩국

재료 및 분량(2~3인분)

서리태 1컵(콩국 4컵)
물 4컵
잣 2큰술

만드는 법 동영상

만드는 법

1 서리태는 깨끗이 씻어 6시간 정도 물에 담가 불린 후 손으로 비벼 물에 뜨는 껍질을 제거하고 씻는다.

2 냄비에 불린 콩과 콩 불린 물(3½컵)을 부어 강불에서 10분간 삶은 후 식힌 다음 콩을 손으로 비벼 물에 뜨는 껍질을 제거하고 찬물에 헹군다. 콩물은 차게 식힌다.

3 믹서에 2의 콩과 콩물(2½컵), 잣을 넣고 곱게 갈아 콩국을 만든다.

이종임 요리 팁

◎ 불린 서리태를 씻을 때 껍질을 완벽하게 벗기지 않아도 됩니다.
◎ 잣 대신 볶은 깨 2큰술, 미숫가루 1큰술을 넣어도 됩니다.
◎ 기호에 따라 먹기 전에 소금, 설탕으로 간을 맞춥니다.

우무서리태콩국

재료 및 분량(2인분)

우무채 1팩(350g)
서리태콩국 3컵
피클오이지(또는 오이지) ½개
당근(4cm) 1토막
양배추 2잎
오이 ¼개
방울토마토 4개
통깨 1작은술
얼음 ½컵

만드는 법

1 우무채는 물에 깨끗이 씻어 물기를 뺀다.

2 피클오이지는 씻어 물기를 짠 후 송송 썰고, 당근, 양배추, 오이는 채 썰고, 방울토마토는 반으로 가른다.

3 그릇에 우무채를 담고 2의 고명을 얹은 후 서리태콩국을 붓는다. 마지막으로 얼음을 띄우고 통깨를 뿌려 마무리한다.

깨소스냉두부면

재료 및 분량(2인분)

두부면 2인분
오이 ½개
빨강 파프리카 ¼개(50g)
양배추 50g
실파 약간

깨 소스

통깨 4큰술
연두부 2컵(180g)
만능간장 1큰술(또는 맛간장 1큰술 또는 양조간장 ⅔큰술)
된장 ½큰술
참기름 1작은술
알룰로스 ½큰술

만드는 법

1 두부면은 끓는 물에 살짝 헹궈준다.

2 믹서에 통깨를 넣어 곱게 간 후 나머지 깨 소스 재료를 넣고 섞어서 깨 소스를 만든다.

3 오이, 파프리카, 양배추는 채 썬 다음 얼음물에 담가 차게 준비한다.

4 두부면에 깨 소스를 넣어 비빈 후 그릇에 담고 3의 채소와 송송 썬 실파를 올려 완성한다.

만드는 법 동영상

이종임 요리 팁

◎ 소스 재료와 깨를 함께 넣고 갈면 깨가 잘 안 갈아지므로 깨를 먼저 간 후 나머지 재료를 섞어 소스를 만듭니다.

육개장

여름

재료 및 분량(4인분)

느타리버섯 100g
고사리 100g
대파 2개
숙주 ½봉지(120g)
양파 ¼개
애호박 ¼개
부추 10줄기(25g)
국간장 1큰술

소고기 육수

소고기(양지머리) 300g
무 100g
양파 ½개
대파 ½개
마늘 3알
다시마(5×5cm) 3장
물 10컵(2L)

고추기름 양념

소고기 육수 1큰술
국간장 1큰술
다진 마늘 1큰술
고춧가루 4큰술
참기름 1큰술
식용유 1큰술

만드는 법

1 소고기는 반으로 자르고 물에 30분간 담가 핏물을 제거한 후 씻는다.

2 느타리 버섯은 찢고, 고사리는 6cm 길이로 썰고, 대파는 길이로 굵게 채 썬다.

3 냄비에 물(9컵)을 붓고 나머지 소고기 육수 재료를 모두 넣어 50분 정도 끓인 다음 면보에 걸러 7컵의 육수를 만들고 고기는 결대로 찢는다.

4 끓는 물에 느타리버섯, 고사리, 대파를 데친다.

5 숙주는 씻어놓고, 양파, 애호박은 채 썰고, 부추는 5cm 길이로 썬다.

6 고춧가루, 다진 마늘, 국간장, 소고기 육수를 잘 섞는다.

7 냄비에 식용유와 참기름을 넣고 뜨거워지면 불을 줄여 6의 양념을 넣고 타지 않게 볶는다. 여기에 느타리버섯, 고사리, 대파를 넣어 버무린 후 3의 소고기 육수(7컵)를 붓고 10분간 끓인다.

8 6에 고기, 숙주, 양파, 애호박을 넣고 한소끔 끓인 후 국간장으로 간을 맞춘 다음 부추를 얹는다.

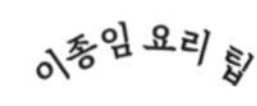

◎ 고추기름 양념 만들 때 마른 고춧가루만 넣으면 타기 쉬우니 국간장과 육수를 넣어 부드럽게 만들어주세요.

만드는 법 동영상

도가니육개장

여름

재료 및 분량(3인분)

숙주 ½봉지(120g)
고사리 150g
대파 2개
느타리버섯 100g
양파 ¼개
애호박 ¼개
부추 10줄기(25g)
도가니탕(시판 제품) 6컵(1.2L)

고추기름 양념

도가니탕 국물 1큰술
국간장 1큰술
다진 마늘 1큰술
고춧가루 4큰술
참기름 1큰술
식용유 1큰술

만드는 법

1 숙주는 씻고, 고사리는 먹기 좋게 썰고, 대파는 길이로 반 갈라 굵게 채 썬다.

2 느타리버섯은 밑동을 잘라 손으로 잘게 찢고, 양파는 채 썰고, 애호박도 굵게 채 썬다. 부추는 5cm 길이로 썬다.

3 도가니탕 국물, 국간장, 다진 마늘, 고춧가루를 섞어 양념을 만든 다음, 냄비에 참기름과 식용유를 두르고 양념을 넣고 볶아 고추기름을 만든다.

4 3에 도가니탕(6컵)을 부은 다음 부추를 제외한 1과 2의 재료들을 모두 넣고 10분 이상 푹 끓인다.

5 완성된 도가니육개장을 그릇에 담고 부추를 얹어 낸다.

만드는 법 동영상

이종임 요리 팁

◎ 느타리버섯 대신 표고버섯이나 새송이버섯을 사용해도 됩니다.

닭다리전복삼계탕

재료 및 분량(2인분)

닭다리 2팩(10개)
전복 4개
찹쌀 ⅓컵
수삼 2뿌리
대추 4개
물 11컵(2.2L)
대파(10cm) 1토막
청양고추 1개
후춧가루 ⅓작은술
소금 1작은술

삼계 주머니

황기 2뿌리
대파(10cm) 2토막
마늘 10알
생강 ½톨
통후추 1작은술
월계수 잎 2장

소스

닭 육수 3큰술
양조간장 2큰술
다진 마늘 1작은술
고춧가루 1큰술
깨소금 1작은술

만드는 법

1 닭다리는 소금물에 씻어놓는다. 전복은 손질한 후 껍질을 깨끗이 씻어 끓는 소금물에 살짝 데쳐서 기름과 잡내를 제거한다.

2 찹쌀은 씻어 물에 8시간 정도 불려 건진다.

3 면 주머니에 황기, 대파, 마늘, 생강, 통후추, 월계수 잎을 넣는다.

4 냄비에 2의 면 주머니와 물(11컵), 불린 찹쌀, 수삼, 대추를 넣어 한소끔 끓인 후 닭다리를 넣고 20분간 끓이고, 전복 넣고 10분간 더 끓인다.

5 그릇에 닭다리, 찹쌀, 전복, 수삼, 대추를 담고 송송 썬 대파와 청양고추를 뿌린 다음 후춧가루, 소금을 곁들인다.

6 분량의 재료를 섞어 만든 소스를 곁들여 낸다.

만드는 법 동영상

이종임 요리 팁

◎ 전복은 껍질째 끓이기 때문에 끓는 소금물에 데쳐야 국물이 깔끔합니다.

Part 3

가을

새우아욱국 & 모시조개아욱국

새우아욱국

재료 및 분량(3인분)

아욱 200g
새우(중) 4마리
대파 ½개
물 7컵
멸치 육수 팩 1개
된장 2큰술
다진 마늘 ½큰술
국간장 1작은술

만드는 법 동영상

만드는 법

1 새우는 대가리를 떼고 껍질을 벗긴다. 대가리와 껍질은 깨끗이 씻어놓고, 살은 2~3등분 한다.

2 냄비에 물(7컵)을 붓고 육수 팩을 5분간 담가뒀다가 새우 대가리와 껍질을 넣고 15분간 끓여 육수를 낸 후 새우 대가리와 껍질, 육수 팩은 건져 낸다.

3 아욱은 줄기의 껍질을 결대로 벗긴 후 찢어서 주물러 씻은 후 물기를 짠다.

4 2의 육수에 된장을 체에 걸러 풀고 아욱을 넣어 15분간 끓인 다음 새우 살, 송송 썬 대파, 다진 마늘을 넣고 한소끔 끓인 후 거품을 걷어 내고 싱거우면 국간장으로 간을 맞춘다.

모시조개아욱국

재료 및 분량(3인분)

아욱 200g
모시조개 1봉지(350g)
대파 ½개
홍고추 1개
멸치 다시마 육수 5컵
된장 2큰술
다진 마늘 ½큰술
국간장 1작은술

만드는 법 동영상

만드는 법

1 모시조개는 소금에 비벼 씻은 후 소금물에 담가두었다가 씻어 해감을 제거한다.

2 아욱은 껍질을 벗겨 다듬은 후 찢어 물에 주물러 씻은 다음 물기를 짠다. 대파는 송송 썰고, 홍고추는 어슷하게 썬다.

3 냄비에 멸치 다시마 육수를 붓고 모시조개를 넣어 끓이다가 조개비가 벌어지면 건져 낸다.

4 3에 된장을 체에 걸러 풀고 끓으면 아욱을 넣어 15분간 끓인다.

5 4에 대파와 홍고추, 다진 마늘을 넣고 3의 모시조개를 넣어 한소끔 끓인 후 싱거우면 국간장으로 간을 맞춘다.

이종임 요리 팁

◎ 조개를 처음부터 넣고 계속 끓이면 조갯살이 단단하고 질겨집니다.

토란찜

재료 및 분량(4인분)

생토란 700g(깐 토란 500g)
소고기(불고기용) 100g
건표고버섯 3개
양파 1개
홍고추 1개
꽈리고추 10개
건표고버섯 불린 물 2컵
통깨 약간
참기름 1작은술
식용유 ½큰술

양념

만능간장 4큰술
참기름 ½큰술
다진 파 2큰술
다진 마늘 1큰술
후춧가루 약간
깨소금 ½큰술

만드는 법 동영상

만드는 법

1 생토란은 끓는 물에 3분간 데친 후 고무장갑을 끼고 거친 면으로 문질러 껍질을 벗긴다. 토란이 잠길 정도의 쌀뜨물에 소금을 약간 넣어 물이 끓으면 토란을 넣고, 한소끔 끓으면 1분간 데친 후 찬물에 헹군다.

2 건표고버섯은 불려 기둥을 떼어 낸 후 2~4등분을 하고, 양파는 큼직하게 썰고, 홍고추는 어슷하게 썬다.

3 분량의 재료를 섞어 양념을 만든다.

4 소고기는 먹기 좋게 자른 후 핏물을 제거하고 양념 2큰술로 양념한다.

5 냄비에 식용유를 두르고 1의 토란을 넣어 볶은 후 4의 소고기를 넣어 볶은 다음 남은 양념과 건표고버섯 불린 물, 표고버섯을 넣어 뚜껑 덮고 15분간 끓인다.

6 토란이 거의 다 익으면 양파, 꽈리고추를 넣고 뚜껑을 열고 5분간 조린 다음 홍고추와 통깨, 참기름을 넣어 완성한다.

이종임 요리 팁

◎ 건표고버섯을 불릴 때 쓴 물을 육수로 사용하므로 건표고버섯을 깨끗이 씻은 다음에 불립니다.
◎ 토란을 쌀뜨물에 데치면 미끈거리는 점액질과 불순물을 제거할 수 있어요.
◎ 만능간장 대신 시판용 맛간장을 써도 됩니다.

토란탕

재료 및 분량(4인분)

소고기(국거리) 300g
토란 400g
무 200g
대파 ½개
다시마(10×10cm) 2장
청양고추 1개
다진 마늘 1작은술
국간장 1큰술
소금 2작은술
후춧가루 3꼬집
물 10컵(2L)

육수

양파 ¼개
대파 ½개
마늘 5알
통후추 1작은술

만드는 법

1 육수 주머니에 양파, 대파, 마늘, 통후추를 넣는다.

2 토란은 크기에 따라 2~4등분 한 후 끓는 쌀뜨물(2컵)에 소금(1작은술)을 넣어 1분 정도 데친 후 씻는다.

3 무는 납삭하게 썰고, 대파는 송송 썬다.

4 소고기는 물에 담가 핏물을 제거하고 얇게 저며 썬다.

5 냄비에 물(10컵)을 붓고 끓으면 소고기와 1의 육수 주머니, 무, 다시마를 넣고 중불에서 뚜껑을 덮고 20분 정도 끓인 후 토란을 넣고 20분간 더 끓인다.

6 5의 육수 주머니는 건져 내고 다진 마늘과 대파를 넣고 국간장과 소금으로 간을 맞춘 다음 송송 썬 청양고추와 후춧가루를 넣는다.

만드는 법 동영상

이종임 요리 팁

◎ 부드러운 식감을 원하면 토란이 약간 부서질 정도로 푹 끓여도 됩니다.
◎ 기호에 따라 들깻가루를 넣어 끓여도 좋습니다.

연근조림

재료 및 분량(4인분)
※ 나무숟가락 계량

연근 2개(400g)
건고추 2개
마늘 3알
땅콩 ½컵
조청 4큰술
참기름 1큰술
검은깨 1큰술
식용유 2큰술

조림장

다시마물 ½컵
맛간장(또는 만능간장) 6큰술
맛술 4큰술
흑설탕 3큰술

만드는 법

1 연근은 껍질을 벗긴 후 둥근 모양을 살려 3mm 두께로 썬다. 연근이 잠길 정도의 끓는 물에 식초(2큰술), 소금(1작은술)을 넣고 연근을 3분간 데친 후 찬물에 헹구고 체에 밭쳐 물기를 제거한다.

2 건고추는 1cm 두께로 썰어 씨를 털어 내고, 마늘은 저며 썬다.

3 팬에 기름(1큰술)을 두르고 건고추, 마늘, 땅콩을 넣어 1분 정도 볶은 후 건져 놓는다.

4 3에 기름(1큰술)을 두르고 1의 연근을 넣어 중불에서 10분 정도 볶는다.

5 분량의 재료를 섞어 조림장을 만들어 4에 넣고 한소끔 끓인 후 중불에서 10분 정도 더 익힌다.

6 5에 볶은 건고추, 마늘, 땅콩을 넣고 5분 더 조린 후 조청을 넣고 버무린다. 불을 끄고 참기름과 검은깨를 뿌린다.

만드는 법 동영상

이종임 요리 팁

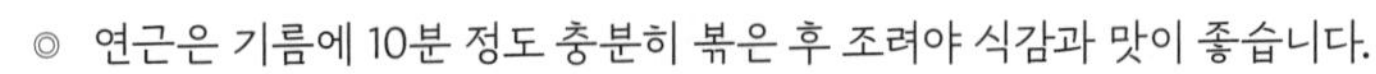

◎ 연근은 기름에 10분 정도 충분히 볶은 후 조려야 식감과 맛이 좋습니다.
◎ 흑설탕 대신 흰설탕, 황설탕을 사용해도 됩니다.

우엉조림

재료 및 분량(4인분)

우엉 2대(200g)
다시마(5×5cm) 4장
건고추 1개
쌀조청 1큰술
참기름 1작은술
통깨 1작은술
식용유 1큰술

조림장

다시마 불린 물 1½컵
양조간장 2½큰술
다진 마늘 1작은술
원당 1큰술

만드는 법

1 우엉은 5cm 길이로 채 썰어 식초(1큰술)를 넣은 물에 우엉을 담가두었다가 씻은 다음 체에 밭쳐 물기를 제거한다.

2 건고추는 0.5cm 굵기로 가위로 자른다.

3 다시마는 물(2컵)에 20분 정도 담가 불린 후 0.5cm 굵기로 채 썬다.

4 팬에 기름을 두르고 건고추를 넣어 살짝 볶는다. 여기에 우엉과 다시마, 조림장 재료를 넣고 중불에서 15~20분간 조린 다음 강불에서 5분간 조린다.

5 불을 끄고 쌀조청과 참기름, 통깨를 넣어 섞는다.

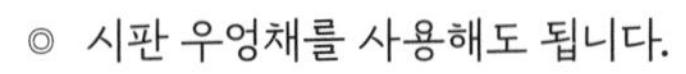

◎ 시판 우엉채를 사용해도 됩니다.
◎ 채 썬 우엉은 식초물에 담가두면 갈변을 방지할 수 있습니다.

만드는 법 동영상

버섯해물파전

재료 및 분량(3인분)

쪽파 80g
생표고버섯 3개
오징어(소) ½마리
조갯살 [illegible]0g
새우 살 50g
양파 30g
풋고추 1개
홍고추 1개
참기름 1작은술
후춧가루 2꼬집
깨소금 약간
소금 2꼬집
식용유 3큰술

반죽

멸치 육수 1컵
달걀 1개
밀가루 ¾컵
소금 2꼬집

초간장

쪽파 3줄기
홍고추 ½개
양조간장 2큰술
식초 2작은술
고춧가루 ½작은술
통깨 ½작은술

만드는 법 동영상

만드는 법

1 쪽파는 다듬어 씻어 팬 길이에 맞게 자른다. 끝부분은 버리지 않고 윗부분 위에 얹는다.

2 생표고버섯은 얇게 저며 썬다. 양파는 채 썰고, 풋고추, 홍고추는 어슷하게 썰어 씨를 제거한다.

3 오징어, 조갯살, 새우 살은 손질하여 씻고 참기름, 후춧가루, 깨소금, 소금을 넣어 양념한다.

4 차가운 멸치 육수에 달걀을 풀고 밀가루, 소금을 넣어 반죽을 만든다.

5 팬에 기름을 넉넉히 두르고 강불로 팬을 뜨겁게 달군다. 반죽에 살짝 적신 생표고버섯과 쪽파를 먼저 팬에 올리고, 그 위에 밀가루 반죽을 조금 붓는다.

6 4에 해물, 양파, 풋고추, 홍고추를 얹고 나머지 반죽을 끼얹어 재료가 잘 연결되도록 한 후 중불에서 타지 않게 노릇하게 부친다.

7 쪽파를 송송 썰고 홍고추는 다져서 나머지 초간장 재료와 섞어 초간장을 만든 다음 해물파전에 곁들여 낸다.

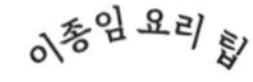

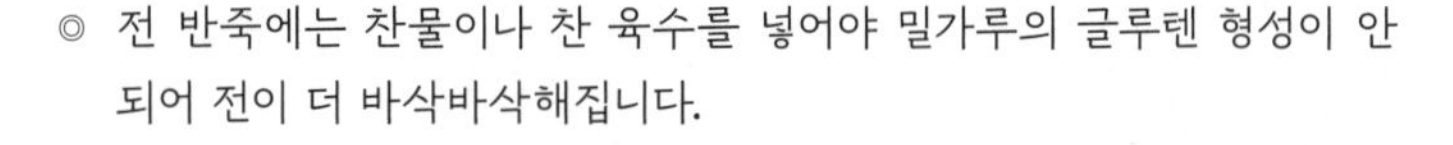

◎ 전 반죽에는 찬물이나 찬 육수를 넣어야 밀가루의 글루텐 형성이 안 되어 전이 더 바삭바삭해집니다.

버섯들깨탕

재료 및 분량(4인분)

모둠 버섯 300g
- 생표고버섯(소) 3개(60g)
- 새송이버섯 1개(80g)
- 느타리버섯 85g
- 팽이버섯 ½봉지(75g)

배추 100g
우엉 50g
대파 ½개(송송 썬 대파 ¼개, 어슷하게 썬 대파 ¼개)
다진 마늘 1큰술
채수 3컵
거피 들깻가루 3큰술
멥쌀가루(또는 찹쌀가루) 1큰술
물 4큰술
국간장 1½큰술
들기름 1큰술

만드는 법

1 생표고버섯과 새송이버섯은 납작하게 썰고, 느타리버섯과 팽이버섯은 먹기 좋게 찢는다.

2 배추는 1.5cm 너비로 가로로 채 썰고, 우엉은 얇게 어슷썰기 하고, 대파는 반은 송송 썰고 반은 어슷하게 썬다.

3 냄비에 들기름을 두르고 다진 마늘과 송송 썬 대파를 넣어 볶고, 여기에 팽이버섯을 제외한 모든 버섯과 배추, 우엉을 넣어 볶은 후 채수를 넣어 끓인다.

4 들깻가루와 멥쌀가루를 물(4큰술)에 풀어 3에 넣고 어슷하게 썬 대파와 국간장을 넣어 한소끔 끓으면 팽이버섯을 넣어 완성한다.

이종임 요리 팁

◎ 들깻가루와 멥쌀가루는 그냥 넣으면 뭉치기 쉽기 때문에 물에 푼 다음에 넣는 것이 좋습니다.

◎ 담백한 맛을 내기 위해 육수 대신 채수를 사용하였지만 기호에 따라 소고기 육수, 사골 육수, 멸치 다시마 육수 등을 넣어도 됩니다.

만드는 법 동영상

버섯덮밥

재료 및 분량(3인분)

밥 3공기
모둠 버섯 1팩(400g)
양파 ½개
대파 ½개
풋고추 1개
홍고추 ½개
다진 마늘 1큰술
만능간장 3큰술
멸치 다시마 육수 1컵
참기름 ½큰술
깨소금 1큰술
식용유 1큰술

만드는 법

1 버섯은 얇게 썰거나 찢고, 양파와 고추는 채 썰고, 대파는 송송 썬다.

2 팬에 기름을 두르고 양파, 대파, 다진 마늘을 넣어 볶은 후 팽이버섯을 제외한 버섯을 넣고 충분히 볶는다.

3 2에 만능간장을 넣고 볶은 후 육수를 부어 끓이고, 팽이버섯, 고추, 참기름, 깨소금을 넣어 완성한다.

4 밥에 3의 버섯볶음을 곁들인다.

만드는 법 동영상

이종임 요리 팁

◎ 만능간장이 없으면 시판 맛간장을 사용해도 됩니다.

더덕양념구이

재료 및 분량(3인분)

더덕 200g
실파 2줄기
통깨 1작은술
식용유 1큰술

절임물

물 3컵
소금 1큰술

유장

양조간장 1작은술
참기름 1큰술

양념

고추장 3큰술
양조간장 2작은술
다진 파 2큰술
다진 마늘 1큰술
깨소금 1큰술
설탕 1큰술

만드는 법

1 더덕은 솔로 비벼 씻어 껍질을 벗긴 다음, 굵기에 따라 길이로 칼집을 넣어 절임물에 30분 정도 담가둔다.

2 절인 더덕은 방망이로 밀어 편 다음 두드린다. 실파는 송송 썬다.

3 분량의 재료를 섞어 유장을 만든다. 더덕에 유장을 발라 약불에서 앞뒤로 노릇하게 굽는다.

4 분량의 재료를 섞어 양념을 만든 뒤 더덕 앞뒤로 골고루 발라 재운다.

5 팬을 달군 후 기름을 두르고 양념한 더덕을 중불에서 타지 않게 구운 후 실파와 통깨를 뿌린다.

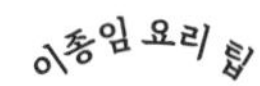

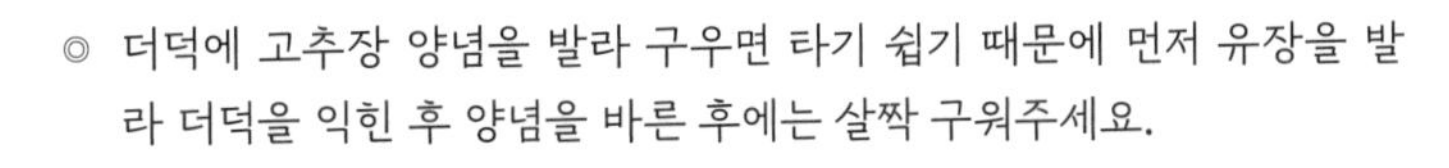

◎ 더덕에 고추장 양념을 발라 구우면 타기 쉽기 때문에 먼저 유장을 발라 더덕을 익힌 후 양념을 바른 후에는 살짝 구워주세요.

만드는 법 동영상

도라지쪽파김치

재료 및 분량

쪽파(손질한 것) ½단(500g)
도라지 150g
멸치액젓 5큰술
물 ¼컵
소금 1작은술

양념

찹쌀풀 ½컵(물 ½컵, 습식 찹쌀가루 1½큰술)
양파배즙 ¾컵(양파 ¼개, 배 ⅙개)
물 ¼컵
새우젓 1큰술
다진 마늘 2큰술
다진 생강 ½작은술
고춧가루 ¾컵(고운 고춧가루 ½컵, 굵은 고춧가루 ¼컵)
원당 1큰술

만드는 법

1 쪽파는 잘 다듬어 씻어 물기를 제거한 후 멸치액젓에 30분간 절인다.

2 도라지는 다듬어 소금(½작은술)을 넣고 조물조물 비벼 씻은 후 물에 헹궈 손으로 꼭 짜 물기를 제거한다.

3 멸치액젓에 절인 쪽파를 건져 내고서 멸치액젓 국물에 양념 재료를 넣고 고루 섞는다.

4 3에 쪽파, 도라지를 넣어 버무린 후 쪽파에 도라지를 올려 돌돌 말아 김치 용기에 담는다. 양념 그릇에 물(¼컵)을 붓고 소금(½작은술)을 넣어 국물을 만든 다음 김치 용기에 붓는다.

5 실온에서 반나절 숙성시킨 후 냉장 보관 한다.

만드는 법 동영상

무장아찌 & 무장아찌무침

무장아찌

재료 및 분량

무 2개(3kg)
설탕 2½컵
양조간장 2½컵

만드는 법 동영상

만드는 법

1 무는 크기에 따라 4~6등분을 해 설탕에 굴려 2~3일간 절인 다음 무를 훑어 물기를 꼭 짠다.

2 유리나 플라스틱 통에 1의 절인 무를 담고, 양조간장을 붓는다.

3 2의 무 위에 누름돌을 눌러 김치냉장고에 보관한다.

이종임 요리 팁

◎ 설탕 대신 올리고당으로 절여도 됩니다.
◎ 설탕이 부담스러운 경우에는 알룰로스를 써도 돼요.
◎ 무 절일 때 자주 뒤집어 고루 절여지도록 합니다.
◎ 장아찌를 만들어 보관할 때는 만든 날짜를 뚜껑에 적어두면 편리합니다.
◎ 1개월쯤 지나면 먹을 수 있습니다.

무장아찌무침

재료 및 분량(4인분)

무장아찌 1쪽
다진 파 1작은술
다진 마늘 1작은술
실파 2줄기
참기름 약간
통깨 약간

만드는 법

1 무장아찌는 3mm 두께로 잘게 썬 뒤 물에 한 번 헹궈 맛을 보고 짜다 싶으면 물에 좀 담가 적당히 짠기를 뺀다.

2 1의 장아찌의 물기를 꼭 짠 후 다진 파, 다진 마늘, 참기름, 통깨를 넣어 버무린다.

3 접시에 1의 무장아찌무침을 담고 실파를 송송 썰어 뿌린다.

이종임 요리 팁

◎ 특히 무침류는 금방 했을 때가 가장 맛있으니 조금씩만 무쳐서 드세요.
◎ 무장아찌 자체에 단맛이 있으므로 무칠 때 따로 설탕류는 넣지 않습니다.
◎ 식성에 따라 고춧가루를 넣어 무쳐도 좋습니다.

고구마맛탕 & 오렌지소스고구마맛탕

고구마맛탕

재료 및 분량(4인분)

밤고구마 4개(500g)
설탕 ¾컵
검정깨 1작은술
식용유 3컵

만드는 법 동영상

만드는 법

1 밤고구마는 껍질을 벗겨 한 입 크기로 썬다.

2 팬에 고구마를 넣고 고구마가 잠길 만큼 식용유를 부은 뒤 설탕을 넣는다. 뚜껑을 덮고 중불에서 10분 정도 익힌다.

3 설탕이 완전히 녹으면 강불에서 나무 주걱으로 저어가며 고구마가 갈색이 날 때까지 튀긴다.

4 튀긴 고구마는 체에 밭쳐 기름을 뺀다. 도마를 물행주로 닦아 물기가 있는 상태로 도마 위에 고구마를 하나씩 떼어 올리고 검정깨를 뿌린 후 식혀 그릇에 담는다.

이종임 요리 팁

◎ 처음부터 강불에서 고구마를 튀기면 설탕이 탈 수 있습니다.

◎ 튀기고 남은 기름에는 설탕 성분이 남아 있지 않으므로 바닥의 찌꺼기만 제거한 후 기름으로 사용하면 됩니다.

오렌지소스고구마맛탕

재료 및 분량(2인분)

밤고구마 2개(300g)
식용유 2컵

오렌지 소스

100% 오렌지주스 ½컵
설탕 4큰술
슬라이스 아몬드 1큰술

만드는 법 동영상

만드는 법

1 고구마는 껍질을 벗겨 손가락 굵기로 썬다.

2 기름에 고구마를 넣어 바삭하게 한 번 튀긴 다음 건져 내고, 한 번 더 튀긴다.

3 팬에 기름 1큰술을 넣고 오렌지주스와 설탕을 넣어 걸쭉하게 졸인 다음 고구마를 넣어 버무리고 슬라이스 아몬드를 뿌린다.

4 도마를 물수건으로 닦아 물기가 있게 만든 후 고구마맛탕을 하나씩 떼어 도마에 올려 굳힌다.

고사리들깨두부면

재료 및 분량(2인분)

두부면 2팩
고사리 150g
애호박 ⅓개
[illegible]
대파 ½개
마늘 4알
들기름 2큰술
물 3~4큰술+⅓컵
소금 ⅓작은술
만능간장 2작은술
거피 들깻가루 2큰술
통들깨 2작은술

양념

양조간장 1큰술
들기름 1작은술
다진 마늘 1작은술
깨소금 1작은술

만드는 법 동영상

만드는 법

1 두부면은 물에 씻은 후 체에 밭쳐 물기를 빼놓는다.

2 애호박은 돌려 깎아 채 썰고, 양파도 채 썰고, 대파는 송송 썰고, 마늘은 편으로 썬다.

3 고사리는 먹기 좋은 크기로 썬 다음 분량의 양념 재료를 넣어 버무린다. 팬에 들기름(½큰술)을 두르고 물(3~4큰술)을 넣어 고사리를 볶아 덜어놓는다.

4 팬에 들기름(1큰술)을 두르고 마늘, 대파를 넣어 볶은 후 애호박과 양파를 넣고 소금으로 간하여 볶는다.

5 4에 3의 고사리를 넣고 볶은 후 두부면과 물(⅓컵), 만능간장, 거피 들깻가루를 넣어 볶은 후 간이 배면 들기름(½큰술)을 넣어 섞는다.

6 5의 고사리들깨두부면을 그릇에 담고 통들깨를 뿌려 완성한다.

이종임 요리 팁

◎ 애호박은 씨 부분이 잘 무르기 때문에 씨를 제거해 줍니다.
◎ 고사리나물이 있으면 활용해도 됩니다.
◎ 거피 들깻가루는 국물에 넣어 조리하고 통들깨는 완성 후 뿌려주면 좋습니다.

도토리묵 & 온묵밥

도토리묵

재료 및 분량(도토리묵 1kg 분량)

도토리가루 1컵(110g)
물 5½컵(1.1L)
소금 1작은술
들기름 1큰술

만드는 법 동영상

만드는 법

1 냄비에 물(5½컵)을 붓고 도토리가루를 풀어 상온에서 30분간 불린다.

2 불을 켜고 한소끔 끓인 다음 소금을 넣고 약불로 줄여 15분 정도 한쪽 방향으로 저어가며 끓인다.

3 2에 들기름을 넣고 2분 정도 저은 후 불을 끄고 뚜껑 덮어 10분간 뜸 들인다.

4 용기에 물을 묻히고 도토리묵 쑨 것을 붓고 2시간 정도 굳힌다.

이종임 요리 팁

◎ 묵을 굳히는 용기에 물기가 있으면 묵이 굳은 후 꺼낼 때 잘 빠집니다.
◎ 들기름이 없을 때는 참기름을 써도 돼요.

온묵밥

재료 및 분량(2인분)

도토리묵 500g, 김치 100g, 애느타리버섯 150g, 물 5컵(1L), 해물 육수 팩 1개, 국간장 1큰술, 참기름 ⅔작은술, 깨소금 1½작은술, 소금 2꼬집, 김가루 2큰술

달래 양념장

달래 30g, 간장 3큰술, 참기름 2작은술, 다진 마늘 ½작은술, 고춧가루 1작은술, 소금 1작은술

만드는 법

1 달래는 둥근 뿌리의 껍질을 벗겨 다듬어 씻은 후 송송 썬다.

2 도토리묵은 0.7cm 두께로 채 썬다. 김치는 소를 털고 물기를 꼭 짠 후 송송 썰어 참기름(⅓작은술), 깨소금(½작은술)으로 양념한다.

3 애느타리버섯은 가늘게 찢어 데친 후 물기를 짠 다음 참기름(⅓작은술), 소금(2꼬집)으로 양념한다.

4 냄비에 물(5컵)과 해물 육수 팩을 넣고 20분간 끓인 다음 팩은 건져 내고 국간장으로 간을 맞춘다.

5 그릇에 묵을 담고 김치, 애느타리버섯, 깨소금(1작은술), 김가루를 얹고 4의 육수를 붓는다.

6 분량의 3 재료를 섞어 달래 양념장을 만들어 온묵밥에 곁들여 낸다.

도토리묵무침

재료 및 분량(3인분)

도토리묵 350g
노랑 파프리카 ¼개
적양파 ¼개
상추 5장
치커리 20g
김치 50g
통깨 1큰술
김가루 2큰술

양념

다진 매실장아찌 2큰술
양조간장 1큰술
식초 1큰술
매실청 1큰술
참기름 1작은술
다진 파 1큰술
다진 마늘 1작은술
고춧가루 1큰술
깨소금 ½큰술

만드는 법

1 도토리묵은 한 입 크기로 썰고, 파프리카와 적양파는 채 썬다.

2 상추와 치커리는 먹기 좋게 찢고, 김치는 송송 썰어 물기를 짠다.

3 분량의 재료를 섞어 양념을 만든다.

4 1과 2의 재료에 양념을 넣고 살며시 버무린 다음 그릇에 담고 통깨와 김가루를 뿌린다.

만드는 법 동영상

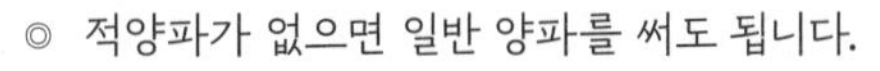

◎ 적양파가 없으면 일반 양파를 써도 됩니다.
◎ 양념에 매실장아찌를 다져 넣으면 식감과 상큼한 맛을 살릴 수 있습니다.

생새우무조림 & 들기름해물무조림

생새우무조림

재료 및 분량(2인분)

무 500g, 새우(중) 6마리, 생표고버섯 3개, 대파 1개

멸치 육수

물 5컵(1L), 멸치 육수 팩 1개

조림장

만능간장 5큰술(또는 맛간장 4큰술), 맛술 2큰술, 다진 마늘 1큰술, 다진 생강 1작은술, 고춧가루 2큰술

만드는 법 동영상

만드는 법

1 새우는 등쪽 내장을 제거하고 깨끗이 씻어놓는다.

2 무는 1.5cm 두께로 토막 내 2등분 한다.

3 냄비에 물(5컵)과 멸치 육수 팩, 무를 넣고 20분 끓여 육수를 만든 후 팩은 건진다.

4 분량의 재료를 섞어 조림장을 만든 다음 3의 냄비에 모양을 낸 생표고버섯, 큼직하게 썬 대파를 넣고 조림장을 풀어 한소끔 끓인 후 중불에서 무가 충분히 익도록 15분간 조린다.

5 4에 새우를 넣고 10분간 조린다.

6 그릇에 새우, 무, 표고버섯, 대파를 담고 국물을 붓는다.

들기름해물무조림

재료 및 분량(2인분)

무(2cm) 2토막, 굴 6개, 새우(중) 2마리, 레몬 웨지 2조각, 들기름 2큰술

가쓰오부시 육수

물 4컵, 다시마(5×5cm) 2장, 가쓰오부시 ½컵

조림장

맛간장 2큰술, 맛술 2큰술

만드는 법 동영상

만드는 법

1 무는 4등분하여 가장자리를 다듬는다.

2 냄비에 물, 다시마를 넣고 한소끔 끓으면 가쓰오부시를 넣고 약불에서 끓인 후 체에 걸러 가쓰오부시 육수를 만든다.

3 2의 육수에 분량의 조림장 재료와 무를 넣어 살짝 끓인 후 뚜껑을 덮어 한소끔 끓이고 중불로 30분 정도 조린다.

4 굴은 소금물에 살살 흔들어 씻고, 새우는 내장을 제거한 다음 씻어놓는다.

5 끓는 소금물(물 2컵, 소금 1작은술)에 굴과 새우를 넣어 각각 데친다. 굴은 10초, 새우는 1분 정도 데친다.

6 팬에 들기름을 두르고 3의 조린 무를 색깔이 나게 굽는다. 무를 조린 3의 조림장 국물에 새우와 굴을 넣어 간이 밸 정도로 조린다.

7 그릇에 구운 무조림을 담고 조린 새우와 굴을 담은 후 레몬을 곁들여 낸다.

이슬송이버섯양념구이

재료 및 분량(4인분)

이슬송이버섯 1팩(200g)
실부추 20g
컬리고추청 1작은술
통깨 [illegible]
참기름 1큰술
식용유 1큰술

양념

양조간장 1큰술
컬러고추청 1큰술
청주 1큰술
참기름 ½큰술
다진 마늘 1작은술
통깨 약간
후춧가루 약간

만드는 법 동영상

만드는 법

1 이슬송이버섯은 물로 문지르듯 씻어 밑동을 자른 뒤 둥근 모양을 살려 적당한 크기로 썬다.

2 1의 버섯을 참기름, 식용유를 두른 팬에서 양면을 3분씩 6분간 굽는다.

3 분량의 재료로 양념을 만들어 2의 버섯에 끼얹어 졸인다.

4 적당한 길이로 자른 실부추를 접시에 깔고 2의 버섯구이를 담은 다음 컬러고추청과 통깨를 고명으로 뿌린다.

이종임 요리 팁

◎ 버섯은 중간 크기가 좋습니다. 이슬송이버섯이 없을 경우 표고버섯으로 대체할 수 있습니다.

◎ 컬러고추청 만드는 법은 115쪽을 참고해 주세요. 컬러고추청이 없으면 올리고당에 풋고추와 홍고추를 잘게 썰어 넣어 사용해도 됩니다.

◎ 버섯을 구워서 양념에 조리면 훨씬 더 쫄깃해요.

전어회무침

재료 및 분량(3인분)

전어 6마리(250g)
미나리 80g
오이 ½개
배 ⅛개
깻잎 5장
양파 ¼개
대파 ¼개
풋고추 2개
홍고추 1개
청주 1큰술
통깨 1큰술

양념

고추장 3큰술
국간장 1작은술
2배식초 3큰술
생강청 1작은술(생강 ⅓작은술)
다진 파 2큰술
다진 마늘 2큰술
고춧가루 3큰술
원당 2큰술(설탕 1½큰술)

만드는 법 동영상

만드는 법

1 전어는 깨끗이 손질하여 물기를 닦은 후 뼈째 얇게 썰고, 청주를 뿌려 재웠다가 물기를 제거한다.

2 미나리는 5cm 길이로 썬다. 배, 깻잎, 양파, 대파는 채 썰고, 오이는 씨를 제거해 어슷하게 썰고, 풋고추, 홍고추도 어슷하게 썬다.

3 볼에 분량의 양념 재료를 넣고 섞은 후 전어와 대파, 양파를 넣어 버무리고 미나리, 배, 풋고추, 홍고추를 넣어 무친다. 통깨를 뿌려 완성한 다음 깻잎을 얹는다.

이종임 요리 팁

◎ 작은 전어는 뼈째 회로 먹고, 큰 전어는 뼈가 단단하므로 구이가 적합합니다.

◎ 오이의 씨까지 사용하면 수분이 많이 생기고 버무릴 때 부서질 수 있으니 씨는 제거해 주세요. 칼칼한 맛을 좋아한다면 청양고추를 써도 좋습니다.

◎ 시판 초고추장을 사용할 경우 고춧가루를 섞어 농도를 되직하게 만들어 사용하는 게 좋아요.

◎ 기호에 따라 고춧가루, 설탕, 식초를 추가해도 됩니다.

매콤볶음장 & 낙지볶음

매콤볶음장

재료 및 분량

※ 나무숟가락 계량

다진 양파 ¼개, 다진 마늘 4큰술, 다진 생강 1작은술, 고추장 4큰술, 국간장 4큰술, 매실청 4큰술, 갈색 쌀물엿 4큰술, 청주 5큰술, 참기름 4큰술, 고춧가루 1컵, 새우가루 1큰술, 깨소금 4큰술, 현미유 1큰술

만드는 법

1 팬에 기름을 두르고 다진 양파를 볶다가 다진 마늘을 넣어 노릇하게 볶는다.

2 볼에 나머지 재료를 모두 섞은 후 1의 양파와 마늘을 넣고 잘 섞어 냉장 보관 한다.

낙지볶음

재료 및 분량(4인분)

낙지(대) 2마리, 양파 ¼개, 당근 ⅓개, 대파(6cm) 1토막, 풋고추 1개, 홍고추 ½개, 매콤볶음장 ⅓~⅔컵, 참기름 1작은술, 통깨 1작은술, 식용유 적당량

콩나물무침

콩나물 200g, 국간장 ½큰술, 참기름 1작은술, 다진 파 ½큰술, 다진 마늘 1작은술, 깨소금 1작은술

만드는 법 동영상

만드는 법

1 낙지는 내장을 제거하고 소금과 밀가루를 적당량 넣고 주물러 씻은 후 5~6cm 길이로 썬다. 끓는 물에 낙지를 1분 정도 데친 후 물기를 뺀다.

2 양파는 1cm 너비로 썰고, 당근은 납작하게 썰고, 대파와 풋고추, 홍고추는 어슷하게 썬다.

3 냄비에 물(½컵)을 넣고 콩나물을 넣어 뚜껑 덮은 채로 3분간 익힌 다음 찬물에 헹구고 국간장, 참기름, 다진 파, 다진 마늘, 깨소금으로 무친다.

4 오목한 팬에 기름을 넣고 채소를 볶다가 낙지를 넣어 볶은 후 매콤볶음장을 넣고 강불에서 빨리 볶아 낸다.

5 4에 참기름, 통깨를 뿌린다. 그릇에 3의 콩나물무침을 담고 위에 낙지볶음을 올려 완성한다.

이종임 요리 팁

◎ 낙지는 강불에서 빨리 볶아 내야 물이 생기지 않습니다.

◎ 볶음, 찜 요리에 고추장을 너무 많이 넣으면 텁텁해요.

◎ 매콤볶음장 분량은 낙지 크기에 따라 조절해 주세요.

꼬막비빔밥

재료 및 분량(3인분)

밥 3공기
꼬막 1kg
고추장아찌 2개
양파 ¼개
깻잎 3~4장
부추 30g
풋고추 ½개
홍고추 ½개
소금 1⅓큰술

달래 양념장

달래 10g
물 2큰술
양조간장 3큰술
매실청 1큰술
조청 1큰술
참기름 1큰술
다진 마늘 1큰술
고춧가루 3큰술
원당 1큰술
깨소금 2작은술

만드는 법

1 꼬막은 소금(½큰술)에 비벼 씻은 다음 소금물(물2컵, 소금 ½큰술)에 담가 해감한다.

2 냄비에 꼬막이 잠길 정도로 물을 넣고 소금(⅓큰술), 청주(2큰술)를 넣고 끓기 직전에 꼬막을 넣어 한 방향으로 저어가며 2~3분간 삶는다. 불을 끄고 1분간 뜸을 들인 다음 숟가락을 이용하여 꼬막 살만 발라 낸다.

3 고추장아찌는 송송 썰고, 양파와 깻잎은 채 썰고, 부추는 2cm 길이로 썬다. 풋고추와 홍고추는 얇게 송송 썬다.

4 달래는 송송 썰고 나머지 양념장 재료를 모두 섞어 양념장을 만든다.

5 밥과 꼬막에 양념장을 넣어 잘 비벼 그릇에 담은 다음 3의 채소를 얹는다.

이종임 요리 팁

◎ 꼬막을 데칠 때 한 방향으로 저어야 껍질을 벗길 때 꼬막 살이 한쪽으로 깔끔하게 분리돼요.
◎ 꼬막은 너무 익히면 살이 단단해집니다.
◎ 고추장아찌가 없으면 청양고추 다진 것을 사용해도 됩니다.
◎ 달래가 없을 때는 쪽파나 실파를 쓰면 돼요.

만드는 법 동영상

오징어찌개

재료 및 분량(4인분)

오징어 2마리(250g)
두부 ⅔모(200g)
무 200g
양파 ½개
대파 ½개
풋고추(또는 청양고추) 2개
청주 1작은술
물 5컵(1L)
해물 육수 팩 1개
국간장 1½큰술

양념

고추장 1½큰술
다진 마늘 2큰술
고춧가루 1½큰술

만드는 법

1 오징어는 손질하여 세로로 2~3등분 한 후 1cm 너비로 큼직하게 썬 다음 청주를 뿌려 놓는다.

2 두부는 1cm 두께로 한 입 크기로 썰고, 무는 2~3mm 두께로 납작하게 썰고, 양파는 굵게 채 썰고, 대파와 풋고추는 어슷하게 썬다.

3 냄비에 물(5컵)을 붓고 해물 육수 팩과 무를 넣어 20분간 끓인 다음 육수 팩은 건져 낸다.

4 3의 육수에 분량의 양념 재료를 넣고 양파, 오징어를 넣어 끓인 후 국간장으로 간을 맞춘다. 마지막으로 두부, 대파, 풋고추를 넣고 끓인다.

만드는 법 동영상

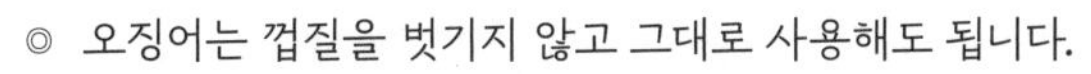

◎ 오징어는 껍질을 벗기지 않고 그대로 사용해도 됩니다.
◎ 양념은 미리 만들지 않고 각각 재료를 바로 넣어도 됩니다.

오징어채소전

재료 및 분량(2인분)

오징어 1마리(110g)
달걀 1개
양파(소) ¼개
당근 ⅛개
풋고추 1개
홍고추 ½개
새송이버섯 ½개
청주 1작은술
참기름 1작은술
깨소금 약간
소금 ⅓작은술
후춧가루 2꼬집
밀가루 4큰술
식용유 2큰술

만드는 법

1 오징어는 배를 갈라 내장을 빼고 껍질을 벗겨 잘게 썬 다음 청주를 뿌려놓는다.

2 채소와 버섯은 잘게 썰고, 달걀은 잘 푼다.

3 볼에 오징어, 채소, 버섯을 넣고 참기름, 소금, 깨소금, 후춧가루로 양념한 후 달걀을 넣어 잘 섞는다. 여기에 밀가루를 넣어 반죽한 다음 밀가루나 물을 가감해서 농도를 맞춘다.

4 팬에 기름을 두르고 달궈지면 3의 재료를 1스푼씩 떠서 중불에서 전을 앞뒤로 노릇하게 부친다.

만드는 법 동영상

이종임 요리 팁

◎ 오징어가 생물인 경우에는 껍질째 사용해도 됩니다.

꽃게칼국수

재료 및 분량(2인분)

생칼국수면 340g
꽃게 2마리(400g)
애호박 ⅕개
감자(소) 1개
양파 ¼개
대파 ½개
청양고추 1개
된장 ½큰술
고추장 2큰술
다진 마늘 1큰술
고춧가루 ½큰술
국간장 ½큰술

꽃게 육수

꽃게 등딱지 2개
물 7컵(1.4L)
청주 1큰술
다시마(5×5cm) 2장
천연 조미료 1큰술

만드는 법

1 꽃게는 배딱지와 등딱지를 떼어 내고 모래집을 제거한 후 깨끗하게 씻어 먹기 좋게 토막 낸다.

2 애호박, 감자, 양파는 채 썰고, 대파, 청양고추는 어슷하게 썬다.

3 냄비에 물(7컵)을 붓고 꽃게 딱지, 청주, 다시마, 천연 조미료를 넣어 한소끔 끓으면 토막 낸 게를 넣고 5분간 끓인 후 꽃게 딱지, 다시마는 건져 낸다.

4 3의 육수에 된장, 고추장을 풀고 다진 마늘, 고춧가루를 넣어 끓으면 칼국수면을 넣고 3분간 끓인다.

5 4에 2의 채소를 넣고 국간장을 넣어 3~4분간 더 끓여 완성한다.

이종임 요리 팁

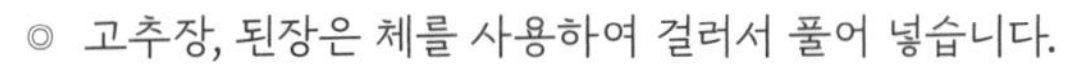

◎ 고추장, 된장은 체를 사용하여 걸러서 풀어 넣습니다.
◎ 칼국수면에도 간이 되어 있으므로 칼국수를 넣어 끓인 후 마지막에 간을 맞추는 것이 좋습니다.

만드는 법 동영상

모둠해물탕

재료 및 분량(4인분)

모둠 해물 2팩(800g)
무 150g
콩나물 200g
양파 ¼개
풋고추 1개
홍고추 1개
대파 ½개
미나리 80g
멸치 다시마 육수 4컵
청주 2큰술

양념

된장 ½큰술
고추장 ½큰술
까나리액젓 1큰술
다진 마늘 2큰술
고춧가루 4큰술
소금 ½작은술

만드는 법

1 해물은 깨끗이 씻은 뒤 청주를 뿌린다.

2 무는 먹기 좋은 크기로 얇게 썰고, 콩나물은 깨끗이 씻고, 양파는 채 썬다. 고추와 대파는 어슷하게 썰고, 미나리는 6cm 길이로 썬다.

3 냄비에 무를 깔고 콩나물을 얹은 후 멸치 다시마 육수를 붓는다. 끓으면 분량대로 섞은 양념과 해물, 양파를 넣고 끓인다.

4 3에 고추와 대파를 넣고 살짝 끓인 후 미나리를 얹어 완성한다.

5 싱거우면 소금으로 간한다.

이종임 요리 팁

◎ 아귀찜이나 해물탕에 넣는 콩나물은 대가 굵은 것을 써야 숨이 덜 죽어 좋습니다.
◎ 무는 얇게 썰어야 해물이 익을 때 같이 익습니다.
◎ 기호에 따라 면을 넣고 끓여도 좋습니다.

만드는 법 동영상

코다리조림

재료 및 분량(4인분)

코다리 2마리(520g)
무(1cm) 3토막
양파 ½개
대파 ½개
풋고추 1개
홍고추 1개
청주 2큰술
식용유 1큰술

멸치 육수

물 4컵
멸치 육수 팩 1개

조림장

양조간장 5큰술
생강청 1작은술(또는 다진 생강 ⅓작은술)
맛술 2큰술
다진 마늘 2큰술
고춧가루 4큰술
후춧가루 약간

만드는 법

1 코다리는 5~6cm 크기로 토막을 낸 뒤 깨끗이 씻어 청주를 뿌린 다음 물기를 제거한다. 달군 팬에 기름을 두르고 코다리를 넣어 앞뒤로 지진다.

2 무는 1cm 두께로 토막낸 후 반으로 자르고, 양파는 길이로 4등분을 하고, 대파는 4cm 길이로 굵게 썰고, 풋고추와 홍고추는 어슷하게 썬다.

3 냄비에 육수 재료와 무를 넣고 한소끔 끓인 후 중불로 15분간 끓이고 육수 팩은 건져 낸다.

4 분량의 재료를 섞어 조림장을 만든다.

5 냄비에 무, 코다리를 담고, 양파, 대파를 넣고, 육수를 자작하게 붓고 조림장을 넣어 한소끔 끓인 다음 중불에서 20분간 조린다.

6 5에 풋고추, 홍고추를 넣고 5분간 조린다.

이종임 요리 팁

◎ 번거로우면 코다리를 기름에 지지지 않고 그냥 조려도 됩니다.
◎ 조림 요리를 할 때는 맹물보다 육수를 사용하면 훨씬 깊은 맛을 낼 수 있습니다.
◎ 생강청이 없으면 다진 생강을 넣어도 됩니다.

만드는 법 동영상

가자미구이

재료 및 분량(2인분)

가자미(대) 1마리
청주 1큰술
소금 2꼬집
밀가루 3큰술
식용유 적당량

소스

양파 ⅙개
풋고추 1개
홍고추 1개
생강레몬청 2큰술
식초 1작은술
소금 ⅓작은술

만드는 법

1 가자미는 대가리와 내장, 비늘을 제거하고 물기를 없앤 후 청주, 소금으로 밑간한다.

2 가자미에 밀가루를 골고루 묻힌다.

3 달군 팬에 식용유를 넉넉히 두른 후 가자미를 넣고 중불에서 7~8분간 뒤집어 가며 고루 익힌다.

4 양파와 고추는 곱게 채 썬 후 나머지 소스 재료와 함께 섞어 소스를 만든다.

5 구운 가자미 위에 소스를 얹어 완성한다.

만드는 법 동영상

이종임 요리 팁

◎ 생강레몬청이 없으면 생강즙을 써도 됩니다.

Part 4

겨울

김치찌개

겨울

재료 및 분량(3인분)

신 김치 ¼포기(400g)
돼지고기(사태) 200g
두부 ⅔모(200g)
대파(30cm) 1대
홍고추 ½개
청주 1큰술
김치 국물 ¼컵
고춧가루 ½큰술
물 4컵
다진 마늘 1큰술
국간장 1작은술
식용유 1큰술

만드는 법

1 신 김치는 소를 깨끗이 털어 내고 길이 2cm 정도의 먹기 좋은 크기로 썬다.

2 두부는 먹기 좋게 썰고, 홍고추는 송송 썰고, 대파의 반은 송송 썰고 나머지는 어슷하게 썬다.

3 돼지고기는 큼직하게 썰어 핏물을 제거한다.

4 냄비에 식용유를 두르고 송송 썬 대파를 넣어 볶다가 돼지고기와 청주를 넣고 볶은 후 신 김치와 김치 국물, 고춧가루를 넣고 볶는다.

5 김치 국물이 졸면 물(4컵)을 붓고 한소끔 끓으면 다진 마늘을 넣고 20분간 끓인다.

6 국간장으로 간을 하고 두부와 어슷하게 썬 대파, 홍고추를 넣고 2~3분 끓여 완성한다.

이종임 요리 팁

◎ 돼지고기는 사태 대신 앞다리살이나 뒷다리살을 사용해도 됩니다.
◎ 김치찌개를 만들 때 김치를 볶아서 쓰면 더 맛있습니다.
◎ 김치가 신맛이 강하면 설탕을 약간 넣어 신맛을 중화시키고 덜 익었으면 식초를 약간 넣고 끓이면 됩니다.

만드는 법 동영상

가래떡김치찜 & 돼지갈비김치찜

가래떡김치찜

재료 및 분량(4인분)

신 김치 ⅓포기(600g), 가래떡 2줄(300g), 양파 ½개, 대파 1개, 도가니탕(또는 사골 육수) 3컵, 김치 국물 ½컵, 물 1컵, 다진 마늘 1큰술, 고춧가루 2큰술

만드는 법 동영상

만드는 법

1 신 김치는 먹기 좋은 크기로 썰고, 가래떡은 2~3등분 한다.

2 양파는 채 썰고, 대파는 4cm 길이로 토막 낸다.

3 냄비에 신 김치를 깔고 도가니탕 국물과 김치 국물, 물을 넣는다.

4 뚜껑을 덮고 한소끔 끓인 후 중불로 30분 더 끓인다.

5 양파, 대파, 다진 마늘, 고춧가루, 가래떡, 도가니탕에 들어 있는 스지와 편육을 넣고 뚜껑 연 채로 10분 더 끓여 완성한다.

이종임 요리 팁

◎ 시판 사골 육수를 사용하는 경우 간의 유무에 따라 간을 조절합니다.

◎ 김치찜은 묵은지나 신 김치로 해야 깊은 맛이 납니다.

돼지갈비김치찜

재료 및 분량(4인분)

신 김치 ⅓포기(600g), 돼지갈비 1kg, 된장 2큰술, 소주 ½컵, 양파 1개, 대파 1개, 생강 1톨, 월계수 잎 3장, 까나리액젓 1큰술, 김치 국물 ½컵, 물 4컵, 다진 마늘 3큰술, 고춧가루 ½큰술, 후춧가루 ½작은술

만드는 법 동영상

만드는 법

1 돼지갈비는 30분 이상 물에 담가 핏물을 뺀 후 칼집을 넣는다.

2 양파는 6~8등분 하고, 대파는 초록 부분은 6cm 길이로 썰고 흰 부분은 어슷하게 썬다. 생강은 저민다.

3 냄비에 물을 붓고 된장을 풀어 끓이고 돼지갈비를 넣어 2~3분 정도 데친 후 찬물에 씻어 소주에 재운다.

4 오목한 팬에 신 김치를 깔고 돼지갈비, 대파 초록 부분, 생강, 월계수 잎, 까나리액젓, 김치 국물, 물(4컵), 다진 마늘을 넣고 뚜껑을 덮어 한소끔 끓으면 중불에서 30분간 끓인다.

5 4의 대파 초록 부분, 생강, 월계수 잎은 건지고, 양파, 대파 흰부분, 고춧가루를 넣어 10분간 더 끓인 후 후춧가루를 넣어 완성한다.

돼지고기김치밥

겨울

재료 및 분량(3인분)

쌀 1½컵(불린 쌀 2¼컵)
돼지고기 200g
김치 ¼포기(300g)
쪽파 2줄기
청주 2큰술
참기름 1큰술
물 2½컵

고기 양념

양조간장 1큰술
다진 마늘 1작은술
후춧가루 2꼬집
깨소금 1작은술

달래 양념장

달래 20g
양조간장 2큰술
국간장 ½큰술
참기름 1작은술
고운 고춧가루 1작은술
깨소금 1작은술

만드는 법

1 쌀은 씻어 30분 불린다.

2 돼지고기는 먹기 좋게 썰어 청주를 뿌린 다음 고기 양념 재료를 넣어 밑간한다.

3 김치는 소를 털어 내고 물기를 짠 후 잘게 썬다.

4 냄비에 참기름을 두르고 양념한 돼지고기를 넣어 볶다가 김치를 넣어 볶는다.

5 4에 불린 쌀과 물(2¼컵)을 넣어 밥을 짓는다. 뜸이 다 들어갈 때 송송 썬 쪽파를 뿌린다.

6 잘게 썬 달래와 나머지 양념장 재료를 섞어 달래 양념장을 만들어 돼지고기김치밥에 곁들인다.

만드는 법 동영상

이종임 요리 팁

◎ 달래 뿌리가 굵은 것은 칼등으로 두드려 사용하면 좋습니다.
◎ 양념장이 짜면 물을 조금 넣으면 됩니다.

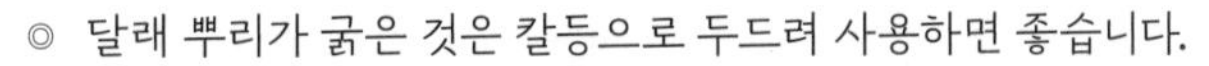

LAVA

김치고구마볶음

겨울

재료 및 분량(2인분)

신 김치 ⅛포기(200g)
고구마 1개(150g)
대파(10㎝) 1도막
다진 마늘 1작은술
통깨 1작은술
들기름(또는 참기름) 1큰술
식용유 1큰술

만드는 법

1 고구마는 껍질째 얇게 저며 썰고, 대파는 송송 썬다.

2 신 김치는 소를 털어 내고 물기를 짠 후 3~4등분을 해서 길이로 찢는다.

3 팬에 들기름과 식용유를 두르고 대파와 다진 마늘을 넣어 볶은 후 고구마를 넣어 볶는다.

4 3에 신 김치를 넣어 중불에서 볶은 다음 통깨를 뿌린다.

만드는 법 동영상

이종임 요리 팁

◎ 고구마는 두껍게 썰면 오래 볶아야 되기 때문에 얇게 써는 것이 좋습니다.

김치볶음

겨울

재료 및 분량(4인분)

신 김치 ⅓포기(500g)
대파(10cm) 1토막
청양고추 1개
다진 마늘 ½큰술
원당 ½작은술
물 약간
들기름 1큰술
깨소금 1작은술
고추기름(또는 식용유) 1큰술

만드는 법

1 신 김치는 속을 털어내고 물에 헹궈 물기를 짠 후 길게 찢어둔다.

2 팬에 고추기름을 넣고 송송 썬 대파와 다진 마늘을 넣어 충분히 볶은 후 신 김치와 원당을 넣고 물을 넣어가며 부드럽게 볶는다.

3 2에 송송 썬 청양고추를 넣어 볶은 후 들기름과 깨소금을 넣어 버무린다.

이종임 요리 팁

◎ 쿰쿰한 냄새가 나는 묵은지를 사용하는 경우에는 쌀뜨물에 잠시 담가 두었다가 씻어서 쓰면 군내를 잡을 수 있습니다.

◎ 물을 소량 첨가하며 볶아주면 김치가 팬에 눌어붙지 않고 좋아요.

◎ 김치의 신맛이 강하면 설탕을 약간 넣어도 좋습니다.

만드는 법 동영상

배추전

겨울

재료 및 분량(2인분)

배추속대 10잎
소고기(다짐육) 100g
식용유 2큰술

절임물

물 2컵
소금 1큰술

고기 양념

참기름 약간
다진 마늘 약간
소금 약간
후춧가루 약간

반죽

메밀가루 1컵
물 2컵

고명

송송 썬 실파 약간
실고추 약간
통깨 약간

초간장

양조간장 2큰술
식초 1작은술
원당 ⅓작은술

만드는 법

1 메밀가루에 물을 넣어 잘 푼 후 반나절 두었다가 윗물은 따라 낸다.

2 배추속대는 씻어 절임물에 20~30분 정도 절인 다음 다시 씻고 물기를 제거한다.

3 소고기에 고기 양념 재료를 넣어 양념한다.

4 팬을 달군 후 기름을 두르고 배추속대를 1의 반죽에 묻혀 넣은 다음 고명을 얹어 노릇하게 지져 낸다.

5 나머지 배추속대는 1의 반죽을 묻힌 후 3의 양념한 고기를 얹어 앞뒤로 노릇하게 지진다.

6 분량의 재료를 섞어 초간장을 만들어 곁들인다.

만드는 법 동영상

이종임 요리 팁

◎ 고기를 얹지 않고 배추만으로 지져도 좋습니다.
◎ 메밀가루가 없으면 밀가루나 부침가루를 사용해도 됩니다.

김치만두전골

겨울

재료 및 분량(4인분)

신 김치 ⅛포기(200g), 한식만두 12개, 떡국떡 200g, 배추 2잎, 무 200g, 양파 ½개, 백만송이버섯 100g, 생표고버섯 4개, 쑥갓 1줌, 대파 ½개, 풋고추 1개, 홍고추 1개, 다진 마늘 1큰술, 고춧가루 2큰술, 소고기(양지) 육수 6컵, 국간장 2큰술, 후춧가루 3꼬집

만드는 법 동영상

만드는 법

1 떡국떡은 씻어놓고, 생표고버섯은 얇게 썰고, 쑥갓은 다듬은 후 6~7cm 정도로 썬다.

2 배추는 적당한 크기로 썰고, 무, 양파는 채 썰고, 백만송이버섯은 밑동을 자른다. 대파는 5cm 길이로 썰고, 풋고추와 홍고추는 어슷하게 썬다.

3 냄비에 송송 썬 신 김치와 다진 마늘, 고춧가루를 넣어 볶은 다음 소고기 육수를 붓고 한소끔 끓인다.

4 3에 쑥갓과 고추를 제외한 채소와 버섯을 넣고 한소끔 끓인 후에 만두와 떡을 넣고 국간장으로 간을 맞춘 후 쑥갓과 고추를 올려준다.

이종임 요리 팁

◎ 소고기 육수 만드는 법은 26쪽을 참조해주세요.

◎ 쑥갓 대신 미나리 또는 냉이를 써도 좋습니다.

한식만두

재료 및 분량

만두피 24장

만두소

소고기(우둔살 다짐육) 150g, 두부 ⅓모(100g), 숙주 100g, 김치 100g, 불린 건표고버섯 2개

양념

다진 파 3큰술, 다진 마늘 2큰술, 국간장 1½작은술, 참기름 1큰술, 깨소금 1큰술, 후춧가루 ¼작은술

만드는 법 동영상

만드는 법

1 두부는 면보에 싸서 물기를 짠 후 으깬다.

2 숙주는 데쳐 잘게 썰어 물기를 짜고, 김치도 잘게 썰어 국물을 짠다. 표고버섯도 잘게 다진다.

3 우둔살 다짐육과 두부, 숙주, 김치, 표고버섯에 양념 재료를 모두 넣어 만두소를 만든다.

4 만두피에 물을 묻히고 3의 만두소를 넣어 만두를 빚은 다음 김 오른 찜기에 넣어 8~10분간 찐다.

이종임 요리 팁

◎ 유튜브 영상에서 만두 빚는 법을 자세히 확인할 수 있습니다.

겨울무전

겨울

재료 및 분량(4인분)

무 250g
메밀가루(또는 밀가루나 부침가루) 3큰술
달걀 1개
실고추 약간
식용유 약간

양념

국간장 1작은술
들기름(또는 참기름) 1큰술

초간장

양조간장 2큰술
식초 1작은술
원당 ⅓작은술

만드는 법

1 무는 4×6cm에 4~5mm 두께로 납작하게 썰어 김 오른 찜기에 넣고 두께에 따라 3~4분간 찐다.

2 분량대로 섞어 양념을 만든다.

3 찐 무에 2의 양념을 앞뒤로 골고루 바른다.

4 양념한 무에 메밀가루, 달걀물 순으로 옷을 입힌다.

5 달군 팬에 기름을 둘러 4의 무를 올리고 실고추를 그 위에 올려 중불에서 노릇하게 굽는다.

6 분량대로 섞어 만든 초간장을 곁들여 낸다.

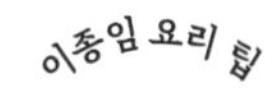

◎ 전 부칠 때 달걀에 간을 하면 달걀이 삭아 전에 옷이 덜 입혀집니다.
◎ 들기름을 식용유와 섞어 전을 부쳐도 좋습니다.

만드는 법 동영상

무말랭이장아찌 & 무말랭이무침

무말랭이장아찌

재료 및 분량

무말랭이 200g
만능간장 3컵(또는 맛간장 2½컵, 올리고당 ½컵)
식초 ½컵
청주 ¼컵

만드는 법

1 무말랭이는 쌀뜨물에 바락바락 씻은 뒤 물에 한 번 씻어 물기를 꼭 짠다.

2 만능간장과 식초, 청주를 섞은 뒤 여기에 무말랭이를 넣어 냉장고에서 보관한다.

만드는 법 동영상

이종임 요리 팁

◎ 만능간장 대신 시판 맛간장과 올리고당을 혼합하여 사용해도 됩니다.
◎ 보관 시 누름돌로 눌러줘야 맛이 변하지 않아요.

무말랭이무침

재료 및 분량

무말랭이장아찌 1컵(100g)
참기름 1작은술
다진 파 ½큰술
다진 마늘 1작은술
깨소금 1작은술

만드는 법

1 무말랭이장아찌는 양념액을 꼭 짠 다음 참기름, 다진 파, 다진 마늘, 깨소금을 넣어 조물조물 무친다.

이종임 요리 팁

◎ 풋고추, 홍고추를 다져 넣어도 좋습니다.
◎ 양념액과 함께 그대로 무치면 너무 짤 수 있기 때문에 양념액은 꼭 짜 주세요.
◎ 짠맛이 강하면 단맛을 약간 첨가해 무쳐도 됩니다.

연잎오곡밥 & 오색나물

겨울

오곡밥

재료 및 분량(8인분)

※ 나무숟가락 계량

찹쌀 2컵, 팥 ⅓컵, 찰수수 ½컵, 차조 ½컵, 흑미 ¼컵, 서리태 ¼컵, 연잎 1장, 밤 10개, 대추 10개, 소금 1작은술

달래 양념장

달래 40g, 양파 ⅙개, 풋고추 ½개, 홍고추 ½개, 만능간장 ½컵, 참기름 1큰술, 통깨 2큰술

만드는 법 동영상

만드는 법

1 오곡(찹쌀, 팥, 찰수수, 차조, 흑미)과 서리태는 각각 깨끗이 씻어서 전날 물에 담가 불린 다음 건진다. 팥은 냄비에 물 3컵 넣고 뚜껑 열어 10분 삶은 후 찬물에 헹궈 떫은 맛을 제거한다.

2 냄비에 삶은 팥과 물(4컵)을 붓고 뚜껑을 덮은 상태에서 강불에 30분간 삶은 다음 체에 밭쳐 팥물은 버리지 않고 팥물 ½컵에 소금 1작은술을 넣어 섞어놓는다.

3 연잎은 씻어놓고, 밤과 대추는 잘게 썬다.

4 찜기에 젖은 면보를 깔고 김이 오르면 차조를 제외한 곡식을 골고루 섞어 펴 넣고, 맨 위에 차조를 올린다.

5 면보로 싼 뚜껑을 닫고 강불에서 40분간 찐다.

6 찌는 동안 2의 팥물을 두 번 정도 끼얹고 위아래를 고루 섞어서 찐 후 10분간 뜸을 들여 완성한다.

7 연잎에 오곡밥을 올리고 오색나물을 얹은 다음 싸서 김 오른 찜기에 넣어 10분간 찐다.

8 달래는 다듬어 송송 썰고, 양파, 풋고추, 홍고추는 잘게 다진 다음 나머지 양념장 재료와 섞어 달래 양념장을 만들어 오곡밥에 곁들인다.

취나물

재료 및 분량

생취나물 150g, 나물 양념 2큰술, 소금 1작은술, 식용유 1큰술, 들기름 ½큰술

전체 나물 양념

국간장 3큰술, 들기름 2큰술, 다진 파 6큰술, 다진 마늘 3큰술, 원당 ½큰술, 깨소금 2큰술

만드는 법

1 끓는 물에 소금(1작은술)을 풀고, 생취나물을 넣어 1분간 데친 후 찬물에 헹궈 물기를 짜고 먹기 좋은 크기로 썬다.

2 취나물에 나물 양념 2큰술을 넣어 조물조물 무친다.

3 팬에 식용유와 들기름을(2:1의 비율) 넣고 2의 나물을 넣어 볶다가 소금으로 간을 해준다.

이종임 요리 팁

◎ 나물 양념은 한꺼번에 만들어 취나물, 시래기나물, 호박오가리, 고사리나물에 같이 사용하면 됩니다.

시래기나물

재료 및 분량

불린 시래기 270g, 나물 양념 2큰술, 물 ½컵, 식용유 1큰술, 들기름 ½큰술

만드는 법

1 불린 시래기는 껍질을 벗겨 손질 후 물기를 짜고 먹기 좋은 크기로 썬다.

2 시래기에 나물 양념(취나물 양념 참조) 2큰술을 넣어 조물조물 무친다.

3 팬에 식용유와 들기름을 두르고 2의 나물을 넣어 2분간 볶는다.

4 물(½컵)을 넣고 뚜껑을 덮어 중불에서 3~4분 익힌 후 뚜껑을 열고 살짝 볶아 완성한다.

이종임 요리 팁

◎ 시래기를 부드럽게 볶으려면 물기를 너무 꼭 짜지 않는 것이 좋아요.
◎ 나물 양념에 설탕을 넣으면 묵은 나물의 쓴맛을 잡아줍니다.
◎ 시래기가 부드러운 상태라면 껍질을 벗기지 않아도 됩니다.

호박오가리

재료 및 분량

건호박오가리 60g, 나물 양념 2큰술, 식용유 1작은술, 들기름 1작은술

만드는 법

1 건호박오가리는 따뜻한 물에 40~50분 정도 담가 불린 후 씻어 건진다.

2 호박오가리에 나물 양념(취나물 양념 참조) 2큰술을 넣어 조물조물 무친다.

3 팬에 식용유와 들기름을 넣고 양념한 호박오가리를 넣어 중불에서 3분간 볶는다.

이종임 요리 팁

◎ 호박오가리는 크기가 작은 것이 씨도 적고 부드럽습니다.
◎ 나물 상태에 따라 볶는 중에 물을 조금씩 넣어가면서 부드럽게 볶아 주세요.

무나물

재료 및 분량

무 300g, 소금 ½큰술, 물 ½컵, 다진 파(흰 부분) 1큰술, 다진 마늘 1작은술, 생강청 ½작은술, 식용유 1큰술, 들기름 1작은술

만드는 법

1 무는 3mm 두께로 채 썰어 소금(½큰술)을 넣고 15~20분 정도 절인 후 물기를 짠다.

2 냄비에 식용유와 들기름을 두르고 절인 무를 넣어 2분간 볶는다.

3 2에 물(½컵)을 넣고 생강청, 다진 파, 다진 마늘을 넣고 뚜껑을 덮은 채로 중불에서 3분 정도 익힌다.

4 기호에 따라 소금으로 간한다.

이종임 요리 팁

◎ 무나물은 소금에 절였다가 볶아야 물이 많이 생기지 않습니다.

고사리나물

재료 및 분량

불린 고사리 150g, 간 쇠고기 60g, 나물 양념 2큰술, 물 ½컵, 식용유 1작은술, 들기름 1작은술

고기 양념

양조간장 1작은술, 다진 마늘 ½작은술, 깨소금 ⅓작은술, 후춧가루 1꼬집

만드는 법

1 고사리는 끓는 물에 살짝 데친 후 먹기 좋은 크기로 썬다.

2 고사리에 양념(취나물 양념 참조) 2큰술을 넣고 조물조물 무친다.

3 소고기에 고기 양념 재료를 넣어 양념한다.

4 팬에 식용유와 들기름을 넣고 양념한 고사리를 넣어 2분간 볶는다. 물(½컵)을 넣고 뚜껑을 덮어 중불에서 3~4분간 익힌 후 뚜껑 열고 살짝 더 볶아 완성한다.

이종임 요리 팁

◎ 건고사리 대신 불려놓은 고사리를 구입해서 써도 됩니다.

◎ 고사리는 물을 약간 넣으면서 충분히 볶아줘야 비린맛을 제거할 수 있습니다.

◎ 들기름이 없을 때는 참기름을 써도 됩니다.

만드는 법 동영상

시금치나물 & 시금치두부깨소스무침

시금치나물

재료 및 분량(3인분)

시금치 200g, 통깨 1꼬집

양념

국간장 2작은술, 참기름 ½큰술, 다진 파 1큰술, 다진 마늘 1작은술, 깨소금 1작은술

만드는 법 동영상

만드는 법

1 시금치는 다듬어 씻은 후 반을 자른다. 끓는 물에 소금(1작은술)을 넣고 시금치를 넣어 굵기에 따라 30초~1분 정도 데친 후 찬물에 헹궈 물기를 짠다.

2 데친 시금치는 먹기 좋게 찢어 분량대로 섞은 양념을 넣고 버무려 완성한 다음 통깨를 뿌린다.

이종임 요리 팁

◎ 데친 시금치는 동량의 물과 함께 지퍼백에 담아 냉동 보관 하면 오래 두고 먹을 수 있습니다.

◎ 양념은 국간장의 짠맛에 따라 양을 조절해서 넣어주세요.

시금치두부깨소스무침

재료 및 분량(4인분)

시금치 200g, 무 100g, 통깨 약간

두부 깨 소스

두부 100g, 통깨 1큰술, 식초 2작은술, 참기름 1작은술, 다진 파 1큰술, 다진 마늘 1작은술, 소금 ⅔작은술

만드는 법 동영상

만드는 법

1 시금치는 다듬어 씻고, 무는 채 썬다.

2 끓는 물에 소금(1작은술)을 넣고 두부를 넣어 10초 데친 후 건져 물기를 제거한다.

3 두부 데친 물에 시금치를 넣어 10초 데친 후 찬물에 헹구고 물기를 짠다. 무는 익을 정도로 데쳐 건진다.

4 통깨를 곱게 갈고 데친 두부를 넣어 으깬 다음 나머지 양념 재료를 넣고 섞어 두부 깨 소스를 만든다.

5 볼에 시금치와 무, 두부 깨 소스를 넣어 고루 섞어 완성한 다음 통깨를 뿌린다.

이종임 요리 팁

◎ 물을 끓여 무, 두부, 시금치 순으로 차례차례 데치면 편리합니다.

사태떡국

겨울

재료 및 분량(4인분)

떡국떡 1kg, 사태 육수 8컵(1.6L), 삶은 사태 100g, 대파 ½개, 국간장 1½큰술, 달걀지단 달걀 1개분, 김가루 5큰술

양념

국간장 1작은술, 후춧가루 약간

만드는 법 동영상

만드는 법

1 삶은 사태는 납작하게 썰어 양념 재료를 넣어 양념한다. 대파는 송송 썬다.

2 끓는 물에 떡을 살짝 데친다.

3 냄비에 사태 육수를 넣어 끓인 후 양념한 사태와 대파를 넣고 끓으면 데친 떡을 넣어 국간장(1½큰술)으로 간한다.

4 그릇에 떡국을 담고 달걀지단, 김가루를 올려 완성한다.

이종임 요리 팁

◎ 떡국을 끓이기 전에 떡을 물에 살짝 데쳐주면 국물이 맑아요.

◎ 파산적을 곁들이면 더욱 먹음직스러운 한 그릇이 됩니다.(파산적 만드는 법은 옆의 영상 QR을 참고해 주세요.)

사태 육수

재료 및 분량(6인분)

소고기(사태) 1kg, 무 300g, 물 13컵(2.6L), 청주 3큰술, 소금 1큰술

향신 재료

마늘 6알, 대파(15cm) 1토막, 양파 ½개, 월계수 잎 2장, 통후추 1작은술

만드는 법

1 사태는 기름을 떼어 내고 덩어리째로 30분 정도 물에 담가 핏물을 제거한다. 끓는 물에 2분간 사태를 데친 후 물에 헹군다.

2 무는 3cm 두께로 둥글게 썰어 4등분 한다. 마늘은 칼 옆면으로 쳐서 으깬다.

3 냄비에 물(13컵)을 넣고 사태와 무, 청주, 소금, 향신 재료를 넣어 한소끔 끓으면 중불에서 40분간 더 끓인다. 이때 무는 20분 삶은 후 건져놓는다.

4 고기는 건져 내고 육수는 면보에 걸러 사태 육수를 준비한다.

이종임 요리 팁

◎ 육수를 낼 때 으깬 마늘을 넣고 끓여야 맛이 잘 우러납니다.

돼지고기감자탕

재료 및 분량(4인분)

돼지고기(목살) 500g
불린 시래기 300g
감자 2개
양파 ½개
생강 1톨
대파 1개
풋고추 1개
홍고추 1개
깻잎 10장
들깻가루 2큰술
사골 육수 1팩(500mL)
물 1컵

양념

만능 매콤 소스(삼식이 양념) ½컵
집된장 1큰술
들기름 1큰술

만드는 법

1 돼지고기는 큼직하게 썰어 물에 담가 핏물을 제거한다.

2 시래기는 깨끗이 씻어 먹기 좋게 썬 후 양념 재료를 넣어 무친다.

3 감자는 4등분 하고, 양파는 굵게 채 썰고, 생강은 저미고 [illegible], 대파, 풋고추, 홍고추는 어슷하게 썰고, 깻잎은 먹기 좋게 썬다.

4 냄비에 돼지고기와 시래기, 감자를 넣고 만능 매콤 소스를 넣어 버무린다.

5 4에 생강과 사골 육수, 물(1컵)을 부어 20분간 뚜껑을 덮고 끓인 후 양파와 대파를 넣고 중불에서 5분간 더 끓인다.

6 4에 풋고추, 홍고추를 넣고 한소끔 끓으면 들깻가루와 깻잎을 올려 완성한다.

만드는 법 동영상

이종임 요리 팁

◎ 시래기 대신 데친 무청이나 열무, 새콤하게 익은 김치를 사용해도 됩니다.
◎ 만능 매콤 소스 만드는 법은 31쪽을 참조해 주세요.

되비지찌개

겨울

재료 및 분량(4인분)

대두 ¾컵(불린 대두 2컵)

돼지갈비 300g

김치 ¼포기(200g)

배추 3~4잎(100g)

대파 ½개

청주 2큰술

다진 생강 ½작은술

후춧가루 약간

된장 1큰술

새우젓국 1큰술

물 9컵(18L)

갈비 양념

국간장 1작은술

다진 마늘 1큰술

다진 생강 ⅓작은술

후춧가루 2꼬집

달래 양념장

송송 썬 달래 20g

양조간장 2큰술

국간장 1큰술

참기름 1작은술

고운 고춧가루 1작은술

깨소금 1작은술

만드는 법 동영상

만드는 법

1 콩은 씻어 물에 하루 정도 담가 충분히 불린 다음 비벼 껍질을 제거한다. 냄비에 콩을 넣고 물(1¼컵)을 부어 너무 곱지 않고 약간의 입자가 있는 정도로 간다.

2 돼지갈비는 잘게 토막 내어 핏물을 뺀 후 청주, 다진 생강, 후춧가루에 재워 잡내를 제거한다.

3 냄비에 물(3컵)을 넣고 된장(1큰술)을 푼 후 끓으면 돼지갈비를 넣고 2분 정도 데쳐 찬물에 헹군다. 분량의 갈비 양념 재료를 섞고 여기에 갈비를 넣어 버무린 뒤 재워둔다.

4 김치는 물에 헹궈 송송 썰고, 배추는 적당한 크기로 저미듯 썬다.

5 냄비에 돼지갈비를 넣어 볶다가 김치를 넣고 볶은 후 물(4½컵)을 부은 후 20분 끓인다.

6 5에 배추와 1의 콩비지를 넣고 중불에서 10분간 끓인다.

7 새우젓으로 간을 맞춘 뒤 어슷하게 썬 대파를 넣고 끓여 완성한다.

8 분량의 재료를 섞어 만든 달래 양념장을 곁들인다.

이종임 요리 팁

◎ 김치만 넣는 것보다 배추를 함께 사용하면 더 담백하게 즐길 수 있습니다.

◎ 되비지찌개는 깨끗하게 끓여 양념장을 끼얹어 먹는 찌개이므로 김치는 헹궈서 넣어주세요.

비지찌개

겨울

재료 및 분량(3인분)

대두 ¾컵(불린 대두 2컵)
돼지고기(찌개용) 200g
김치 ⅕포기(300g)
대파(10cm) 1토막
청주 1큰술
다진 마늘 1큰술
국간장 ½큰술
김치 국물 ½컵
새우젓 1작은술
물 6½컵(13L)

만드는 법

1 콩은 씻어 물에 하루 정도 담가 충분히 불린 후 비벼 절반 정도 껍질을 제거하고, 믹서에 물(1½컵)과 함께 넣어 간다.

2 돼지고기는 큼직하게 썰어 핏물을 빼고 청주로 밑간한다. 김치는 잘게 썰고, 대파는 송송 썬다.

3 냄비에 돼지고기와 다진 마늘, 국간장을 넣고 볶은 후 김치를 넣어 충분히 볶는다.

4 3에 물(5컵)과 김치 국물을 넣고 15분간 끓인 후 1의 콩비지를 넣고 뚜껑을 덮어 중약불에서 10분간 끓인다.

5 새우젓으로 간을 맞추고 대파를 넣어 한소끔 끓여 완성한다.

만드는 법 동영상

이종임 요리 팁

◎ 김치가 들어가는 찌개는 고춧가루와 김치 국물로 함께 맛을 내면 훨씬 맛있어요.

동태찌개

겨울

재료 및 분량(4인분)

동태 1마리(600g)
모시조개 1봉지(10개)
두부 ⅓모(100g)
무 150g
콩나물 80g
애호박 ⅙개
미나리 50g
대파(20cm) 1토막
풋고추 1개
홍고추 1개
청주 2큰술
멸치 육수 5컵(1L)
까나리액젓 ½큰술

양념

고추장 1큰술
국간장 1큰술
다진 마늘 1큰술
고춧가루 1½큰술

만드는 법

1 토막 낸 동태는 쌀뜨물에 담가 해동한 후 비늘과 아가미, 내장을 제거하고 깨끗이 씻어 청주를 뿌린다.

2 모시조개는 소금에 비벼 씻은 후 소금물에 담가 해감한다.

3 무는 2×2cm 크기로 납작하게 썰고, 콩나물은 대가리를 떼고, 애호박은 반달 모양으로 4~5mm 두께로 납작하게 썬다.

4 두부는 먹기 좋은 크기로 썬다. 미나리는 6~7cm 길이로 썰고, 대파, 풋고추, 홍고추는 어슷하게 썰고 콩나물은 대가리를 뗀다.

5 냄비에 멸치 육수를 넣고 끓으면 무와 동태를 넣고 12~15분간 끓인 후 분량의 양념 재료와 모시조개, 콩나물, 애호박, 두부를 넣어 5분간 끓인다.

6 5에 대파, 고추, 미나리를 넣고 한소끔 끓여 까나리액젓으로 간하여 완성한다.

만드는 법 동영상

이종임 요리 팁

◎ 동태는 쌀뜨물에 담가 해동하면 잡냄새를 없앨 수 있습니다.

매생이굴뭇국

겨울

재료 및 분량(3인분)

매생이 300g
굴 200g
무 150g
대파(10cm) 1토막
다진 마늘 1큰술
물 5컵(1L)
국간장 2큰술
멸치액젓 1큰술
참기름 2큰술

만드는 법

1 매생이는 살살 풀어가며 씻어서 체에 밭쳐 물기를 제거한 후 먹기 좋은 크기로 자른다.

2 굴은 소금 넣고 살며시 씻어 해감을 제거한다.

3 무는 채 썰고, 대파는 송송 썬다.

4 냄비에 참기름을 두르고 대파, 마늘을 넣고 볶은 후 무를 넣어 볶고 물(5컵)을 부어 한소끔 끓인다.

5 4의 무가 익으면 매생이를 넣고 끓인다.

6 5에 굴을 넣고 국간장, 멸치액젓으로 간한 뒤 한소끔 끓여 완성한다.

만드는 법 동영상

이종임 요리 팁

◎ 떡국떡을 넣어 매생이굴떡국으로도 즐길 수 있습니다.

얼큰소고기뭇국

겨울

재료 및 분량(4인분)

소고기(국거리) 150g
무 400g
콩나물 150g
대파 1개
다진 마늘 1큰술
물 8컵(1.6L)
다시마(5×5cm) 2장
고춧가루 1큰술
국간장 2큰술
후춧가루 3꼬집
참기름 ½큰술

만드는 법

1 소고기는 찬물에 20분 정도 담가 핏물을 뺀다.

2 무는 한 입 크기로 저며 썰고, 콩나물은 씻어놓고, 대파는 어슷하게 썬다.

3 냄비에 참기름을 두르고 다진 마늘, 소고기, 무를 넣어 볶은 후 물(8컵)을 부어 한소끔 끓으면 중불로 줄이고, 다시마, 고춧가루를 넣어 30분간 끓인다.

4 10분 후 다시마는 건져 내고 거품은 걷어 낸다.

5 4에 콩나물, 대파를 넣고 뚜껑을 덮은 후 3분간 끓이고 국간장으로 간을 맞춘 다음 후춧가루를 넣는다.

이종임 요리 팁

◎ 고춧가루를 넣지 않고 끓이면 맑은 소고기뭇국이 됩니다.

◎ 뭇국을 끓일 때 무와 고기를 넣어 미리 끓여두었다가 먹기 전에 콩나물, 대파를 넣고 끓이면 좋습니다.

만드는 법 동영상

연근들깨무침

겨울

재료 및 분량(4인분)

연근 1개(200g)

거피 들깻가루 2큰술

실파 1줄기

들깨 소스

거피 들깻가루 3큰술

유자청 1큰술

참기름 1큰술

다진 마늘 1작은술

소금 1작은술

만드는 법

1 연근은 0.2cm 두께로 슬라이스한 후 잠길 정도의 끓는 물에 식초(1큰술)를 넣고 1분간 데쳐 찬물에 헹군다.

2 분량의 양념을 섞어 들깨 소스를 만든다.

3 연근의 물기를 빼고 들깨 소스에 버무린다.

4 연근들깨무침에 거피 들깻가루와 송송 썬 실파를 뿌려 완성한다.

만드는 법 동영상

이종임 요리 팁

◎ 유자청이 없으면 대신 레몬즙 1큰술과 원당 ½큰술을 넣어도 됩니다.

뿌리채소카레수프

겨울

재료 및 분량(4인분)

우엉 ½뿌리(80g)
토란 5개(100)g
연근 ¼개(100g)
무(1cm) 1토막
당근 ¼개
건표고버섯 3개
대파(흰 부분) ¼개
마늘 5알
실파 2줄기
소고기(불고기용) 150g
물 5컵(1L)+2큰술
다진 마늘 1큰술
카레가루 2큰술
천연 조미료 1큰술
소금 1작은술
식용유 1큰술

고기 양념

양조간장 1작은술
청주 1작은술

만드는 법

1 뿌리채소(우엉, 토란, 연근, 무, 당근), 불린 표고버섯, 대파, 마늘은 잘게 썬다.

2 불고기용 소고기는 먹기 좋게 자른 다음 고기 양념 재료를 섞어 재워놓는다.

3 냄비에 식용유를 두르고 뿌리채소를 넣어 충분히 볶는다. 채소가 익으면 소고기를 넣어 볶는다.

4 3에 물(5컵)을 붓고 20분 이상 끓인다.

5 다진 마늘과 카레가루, 천연 조미료에 물(2큰술)을 넣고 풀어 4에 넣은 다음 5분 정도 더 끓이고 소금으로 간한다.

6 실파를 송송 썰어 올려 완성한다.

이종임 요리 팁

◎ 흰색 뿌리채소는 폐와 기관지를 튼튼하게 해주므로 겨울이 오기 전에 많이 섭취하면 도움이 됩니다.

◎ 카레 대신 된장을 넣어도 좋으며 양배추, 브로콜리, 토마토를 넣어도 좋습니다.

◎ 고명으로 실파 대신 미나리를 송송 썰어 올려도 됩니다.

만드는 법 동영상

파래굴전

겨울

재료 및 분량(2인분)

굴 100g
파래 100g(세척하고 물기 짜서 65g)
맛술 1큰술
다진 마늘 1작은술
달걀 1개
부침가루 ½컵
물 ½컵
풋고추 1개
홍고추 1개
식용유 2큰술

초간장

양조간장 2큰술
식초 1큰술
다진 풋고추 약간
다진 홍고추 약간
통깨 약간

만드는 법

1 파래는 소금물(물 2컵, 소금 1작은술)에 씻어 물기를 꼭 짠 후 잘게 썬다.

2 굴도 소금물(물 2컵, 소금 1작은술)에 씻어 굵은 것은 잘게 썬다.

3 풋고추, 홍고추는 송송 썬다. 달걀은 그릇에 풀어둔다.

4 파래에 맛술, 다진 마늘을 넣고 섞은 후 달걀, 부침가루, 얼음물이나 차가운 물(½컵)을 넣고 섞은 후 굴을 넣어 가볍게 섞는다.

5 달군 팬에 식용유를 두르고 4의 재료를 원하는 크기로 펼쳐 바삭하게 지진다.

6 분량의 재료를 섞어 초간장을 만들어 파래굴전에 곁들여 낸다.

만드는 법 동영상

이종임 요리 팁

◎ 굴 대신 새우 살, 조갯살, 홍합 살을 사용해도 됩니다.

새우꼬치전

겨울

재료 및 분량(꼬치 6개 분량)

블랙타이거 새우 18마리
대파(10cm) 18토막
밀가루 3큰술
달걀 3개
식용유 2큰술

밀간

참기름 1작은술
소금 ½작은술
후춧가루 3꼬집

만드는 법

1 새우는 꼬리를 떼어 내고 소금물(물 2컵, 소금 1작은술)에 씻은 다음 물기를 제거하고 배 쪽에 칼집을 넣는다.

2 대파는 가는 것으로 골라 새우와 같은 길이로 자른다.

3 새우와 대파는 각각 참기름, 소금, 후춧가루로 밑간한다.

4 달걀을 푼 다음, 새우와 대파를 꼬치에 꿰어 밀가루, 달걀물 순으로 옷을 입힌다.

5 팬에 식용유를 두르고 4의 꼬치를 넣어 중불에서 서서히 익힌다.

6 익히는 중에 달걀물을 끼얹어 새우와 파가 잘 연결되도록 한다.

7 전의 꼬치를 빼고 초간장을 곁들여 낸다.

만드는 법 동영상

이종임 요리 팁

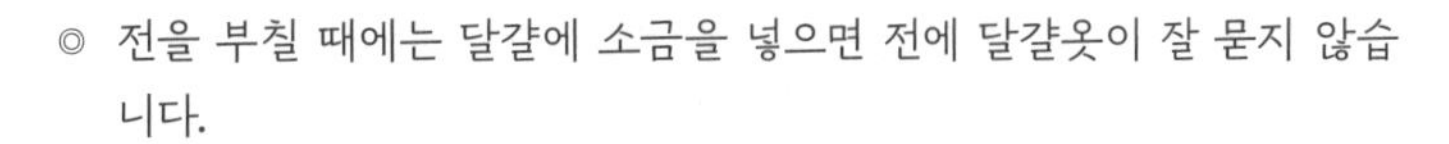

◎ 전을 부칠 때에는 달걀에 소금을 넣으면 전에 달걀옷이 잘 묻지 않습니다.

궁중떡볶이 & 가래떡볶이

궁중떡볶이

재료 및 분량(2인분)

조랭이떡 450g, 소고기(불고기용) 100g, 생표고버섯 2개, 양파 ½개, 초록 파프리카 ¼개, 빨강 파프리카 ¼개, 대파 ¼개, 육수(또는 물) 1컵, 식용유 1큰술

양념

양조간장 2큰술, 참기름 ½큰술, 다진 마늘 ½큰술, 원당 1큰술, 깨소금 ½큰술, 후춧가루 약간

만드는 법 동영상

만드는 법

1 불고기용 소고기는 1cm 너비로 썰고, 생표고버섯, 양파, 파프리카는 굵게 채 썬다. 대파는 송송 썬다.

2 분량의 양념 재료를 섞어 양념을 만든 다음 소고기에 양념 1작은술을 넣고 버무린다.

3 냄비에 기름을 두르고 송송 썬 대파를 넣고 볶다가 양념한 소고기, 표고버섯, 양파를 넣고 볶는다.

4 3에 육수와 나머지 양념을 넣고 끓인 후 떡을 넣고, 떡이 부드러워지면 파프리카를 넣고 볶다가 참기름과 통깨를 넣어 완성한다.

이종임 요리 팁

◎ 조랭이떡 대신 떡국떡이나 가래떡을 굵게 채 썰어 사용해도 됩니다.

가래떡볶이

재료 및 분량(2인분)

가래떡 4줄(300g), 달걀 1개, 어묵 2장(80g), 깻잎 3장, 대파 1개, 멸치 육수 2컵

양념장

고추장 2큰술, 양조간장 1큰술, 조청 1큰술, 다진 마늘 1큰술, 고운 고춧가루 1큰술, 원당 1큰술, 후춧가루 2꼬집

만드는 법 동영상

만드는 법

1 냄비에 물을 붓고 달걀을 넣은 후 끓기 시작할 때부터 8분간 삶은 다음 껍질을 벗긴다.

2 어묵은 길이로 5등분 하고, 깻잎은 4~5등분 하고, 대파는 5cm 길이로 토막 내어 4등분 한다.

3 분량의 재료를 섞어 양념을 만든다.

4 오목한 팬에 기름을 두르지 않고 대파를 넣어 충분히 볶는다.

5 4에 멸치 육수를 붓고 양념을 푼 후 끓으면 가래떡과 삶은 달걀을 넣고 5분간 끓인 다음 어묵을 넣고 2분간 더 끓인 후 깻잎을 넣는다.

이종임 요리 팁

◎ 어묵은 썰어서 끓는 물에 살짝 데친 후 찬물에 헹구면 표면의 식품첨가물을 제거할 수 있습니다.

단팥죽

겨울

재료 및 분량(3~4인분)

팥 2컵

물 15컵(3ℓ)

소금 ½컵+1작은술

원당 ¾컵(또는 설탕 ½컵 또는 꿀 ⅓컵)

인절미 80g

잣가루 1큰술

만드는 법

1 냄비에 팥, 물(6컵), 소금(½컵)을 넣고 강불에서 10분 정도 뚜껑을 열고 삶는다.

2 처음 삶은 물은 버리고 팥은 찬물에 헹궈 낸다.

3 냄비에 팥과 물(8컵)을 넣고 뚜껑을 덮어 강불에 30분간 더 삶는다.

4 불을 끄고 식힌 후 삶은 팥 2½컵을 따로 건져둔다.

5 3의 나머지 팥과 국물에 물(1컵)을 추가하여 믹서에 넣고 곱게 간다.

6 5의 간 팥은 체에 걸러 냄비에 넣고 따로 건져둔 4의 팥과 원당, 소금(1작은술)을 넣어 한소끔 끓인다.

7 팥죽을 그릇에 담고 인절미와 잣가루를 올려 완성한다.

이종임 요리 팁

◎ 팥 삶을 때 소금을 넣으면 삼투압 작용으로 팥의 표면을 빠르게 파괴시켜 무르게 해주기 때문에 소금을 많이 넣습니다.

◎ 팥을 삶은 후 뜨거운 물이 식을 때까지 두면 팥이 물을 흡수하여 더 부드러워집니다.

◎ 팥을 믹서에 곱게 갈았어도 체에 내리면 더 부드럽습니다.

만드는 법 동영상

단호박식혜

겨울

재료 및 분량

엿기름가루 120g(티백 4개분)

물 10컵(2L)

즉석밥 2개(420g)

원당(식혜용) 2큰술

단호박 350g

원당(식혜 국물용) ½컵

잣 1큰술

대추 2개

만드는 법

1 엿기름가루는 면보 주머니 두 개에 나누어 담는다.

2 전기밥솥에 엿기름 주머니, 물, 즉석밥, 원당(2큰술)을 넣고 보온으로 3시간 반~4시간 둔다.

3 단호박은 4등분 해 씨를 발라 낸 뒤 찜기에 넣고 10~15분간 찐다.

4 찐 단호박은 껍질을 벗긴 뒤 체에 내려 으깬다.

5 2의 식혜물에서 엿기름 주머니를 건지고, 밥알은 체에 걸러 물에 세 번 헹군 뒤 새 물에 담가 냉장 보관 한다.

6 식혜물은 면보에 걸러 냄비에 옮겨 담은 뒤 원당(½컵)을 넣고 으깬 단호박을 체에 걸러 풀어 넣는다.

7 거품을 걷어가며 강불에서 10분간 끓인 뒤 차갑게 식힌다.

8 7의 단호박식혜에 냉장해 두었던 밥알을 띄우고 잣과 대추 고명을 얹는다.

이종임 요리 팁

◎ 엿기름가루를 주머니에 넣을 때는 새어 나오지 않도록 꼭 묶어주세요.

◎ 전기밥솥에서 발효시킬 때 밥알이 8~10알 정도 뜨면 식혜가 잘 발효된 상태입니다.

◎ 즉석밥을 넣을 때 체에 담아 물에 풀면 밥알이 잘 풀어집니다.

만드는 법 동영상

저당유자청 & 저당생강청

저당유자청

재료 및 분량

유자 2kg(과육 1.6kg)
설탕 800g
알룰로스 800g

만드는 법 동영상

만드는 법

1 유자는 식초물이나 베이킹소다에 깨끗이 비벼 씻은 후 물기를 제거 한다.
2 유자는 옆으로 반 갈라 포크로 씨를 뺀 다음 얇게 채 썬다.
3 볼에 유자와 설탕, 알룰로스를 넣어 잘 섞는다. 설탕이 잘 녹도록 중간에 여러 번 섞어준다.
4 소독한 유리병에 3의 재료를 넣고 하루 정도 숙성시킨 후 냉장 보관 한다.

이종임 요리 팁

◎ 유자청은 차로 마시는 것 외에 화채에 넣거나 상큼한 무침, 샐러드드레싱을 만들 때 활용하면 좋아요.

저당생강청

재료 및 분량

생강 600g(깐 생강 500g)
설탕 250g
알룰로스 250g

만드는 법 동영상

만드는 법

1 생강은 껍질을 깐 다음 푸드 커터에 넣어 곱게 간다.
2 생강에 동량의 설탕과 알룰로스를 넣어 버무린 후 소독한 병에 넣어 하루 정도 실온에서 숙성시킨 후 냉장 보관 한다.

이종임 요리 팁

◎ 보통 청을 담글 때는 원물과 설탕을 동량으로 넣어 만드는데 당을 제한해야 하는 경우에는 설탕 양을 반으로 줄이고 알룰로스를 넣어 저당으로 만들면 좋습니다.
◎ 생강청은 김치, 회무침, 생선조림 등에 활용하면 좋습니다.

저당생강레몬청

겨울

재료 및 분량

생강 100g
레몬 1개
알룰로스 200g

만드는 법

1 생강은 껍질을 깐 후 얇게 저며 썬다.

2 레몬은 양 끝을 잘라 내고 길이로 반 자른 후 2mm 두께로 슬라이스한다.

3 유리병에 생강, 레몬, 알룰로스를 넣어 섞은 후 냉장 보관 한다.

만드는 법 동영상

이종임 요리 팁

◎ 저당이 아닌 경우는 설탕(200g)으로만 담가도 됩니다.

◎ 레몬은 식초물에 20분 정도 담갔다가 깨끗이 씻어 사용합니다.

◎ 생강레몬청은 냉장고에서 한 달간 보관할 수 있습니다.

◎ 생강레몬청은 따뜻한 차도 만들 수 있고 탄산수에 넣어 시원한 음료로도 즐길 수 있습니다.

Part 5

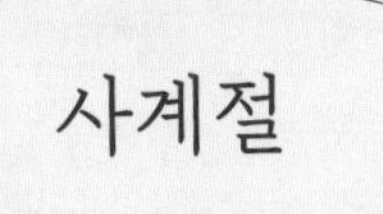

사계절

소갈비찜

재료 및 분량(4인분)

소갈비(갈비찜용) 1.5kg
건표고버섯 4개
대추 5개
빨강 파프리카 ¼개
노랑 파프리카 ¼개
양파 ½개
대파(초록 부분) ½개
깐 밤 5개
물 3컵
청주 3큰술

소금물

물 4컵(800mL)
청주 2큰술
소금 ½큰술

양파과일즙

양파 ½개
키위 1개
배 ½개

양념

만능간장 ⅔컵(양조간장 ½컵, 설탕 2큰술)
참기름 1큰술
다진 파 3큰술
다진 마늘 3큰술
깨소금 1큰술
후춧가루 약간

만드는 법 동영상

만드는 법

1 소갈비는 기름을 떼고 30분 정도 물에 담가 핏물을 뺀 후 씻는다. 소갈비에 칼집을 넣고 끓는 물(4컵)에 청주(2큰술), 소금(½큰술)을 넣어 2~3분간 데친 후 찬물에 헹군다.

2 건표고버섯과 대추는 깨끗이 씻고, 파프리카는 어슷하게 썰고, 양파는 큼직하게 썰고, 대파는 3cm 길이로 썬다.

3 분량의 양파과일즙 재료를 잘게 썰어 믹서에 간 후 면보에 걸러 즙을 짠다.

4 찜용 냄비에 데친 갈비와 양파과일즙(1½컵), 물(3컵), 청주(3큰술)를 넣고 섞어 20분간 재운다. 여기에 건표고버섯을 넣어 뚜껑을 덮고 끓기 시작하면 중불에서 40~50분간 끓인다.

5 분량의 재료를 섞어 양념을 만든다.

6 3에 양념과 밤, 대추, 양파, 대파를 넣고 뚜껑을 덮어 10분간 끓인 후 뚜껑을 열어 파프리카를 넣고 강불에서 한소끔 끓여 완성한다.

이종임 요리 팁

◎ 양파과일즙은 연육 효과가 있으니 갈비찜 할 때 꼭 넣어주세요.

◎ 양파과일즙은 열을 가하면 효소의 작용이 약해지므로 20분 정도 재운 후에 가열하는 것이 좋습니다.

◎ 만능간장 대신 양조간장을 사용할 경우 설탕 2큰술을 넣어 단맛을 보충합니다.

매콤소갈비찜

재료 및 분량(4인분)

소갈비(갈비찜용) 1.5kg
양파 ½개
대파 1개
가래떡 2줄
청주 3큰술
물 3컵
다진 마늘 ½컵

소금물

물 4컵(800mL)
청주 2큰술
소금 ½큰술

양파과일즙(1½컵)

양파 ½개
키위 1개
배 ½개

양념

맛간장 4큰술
고춧가루 5큰술
원당(또는 알룰로스) 2큰술
깨소금 1큰술
후춧가루 ⅓작은술

만드는 법

1 소갈비는 기름을 떼고 30분 정도 물에 담가 핏물을 뺀 후 씻는다. 소갈비에 칼집을 넣고 끓는 소금물에 넣어 2~3분간 데친 후 한 번 헹군다.

2 양파는 큼직하게 썰고, 대파는 3cm 길이로 썬다.

3 양파과일즙 재료는 잘게 썰어 믹서에 간 후 면보에 밭쳐 짠다.

4 찜용 냄비에 데친 갈비와 양파과일즙(1½컵), 청주(3큰술)를 넣고 섞어 10분 재운 후 물(3컵)을 붓고 뚜껑을 덮어 끓기 시작하면 중불에서 40~50분간 끓인다.

5 분량의 재료를 섞어 양념을 만든다.

6 4에 양념과 다진 마늘, 양파, 대파, 가래떡을 넣고 뚜껑을 덮어 10분간 끓인 후 뚜껑을 열고 강불에서 한소끔 끓여 완성한다.

만드는 법 동영상

즉석불고기 & 고깃집쌈장

즉석불고기

재료 및 분량(2인분)

소고기(불고기용) 200g, 당면 30g, 시금치 80g, 팽이버섯 50g, 느타리버섯 100g, 양파 ¼개, 당근 ¼개, 대파 1개, 풋고추 1개, 홍고추 1개

양념

양조간장 2큰술, 배즙 ½컵, 참기름 1작은술, 다진 마늘 1큰술, 원당(설탕) 1큰술, 깨소금 1작은술, 후춧가루 약간

만드는 법 동영상

만드는 법

1 소고기는 키친타월에 싸서 핏물을 제거하고, 당면은 뜨거운 물에 20분 불린다.

2 시금치는 먹기 좋게 썰고, 팽이버섯은 밑동을 자르고, 느타리버섯은 가늘게 찢고, 양파와 당근은 채 썰고, 대파, 풋고추, 홍고추는 어슷하게 썬다.

3 분량의 재료를 섞어 양념을 만들고, 여기에 소고기와 팽이버섯, 느타리버섯, 양파, 당근, 대파를 넣어 버무린다.

4 프라이팬에 3의 재료와 당면을 넣고 볶는다.

5 4에 시금치와 풋고추, 홍고추를 넣고 섞어 완성한다.

이종임 요리 팁

◎ 배는 강판에 갈아 과육을 제거하고 즙만 사용합니다. 배즙이 없으면 갈아 만든 배 주스로 대신해도 됩니다.

◎ 즉석불고기는 즉석에서 볶아 먹는 불고기로, 국물이 자작하게 있어야 하므로 양념에 배즙을 넉넉히 넣는 것이 좋습니다.

고깃집쌈장

재료 및 분량

풋고추 2개, 마늘 6알, 아몬드 15알, 된장 ¾컵, 고추장 ¼컵, 조청 1큰술, 참기름 1큰술, 다진 마늘 1큰술, 콩가루 1큰술, 통깨 1큰술

만드는 법 동영상

만드는 법

1 풋고추는 0.5cm 두께로 송송 썰고, 마늘, 아몬드는 굵게 다진다.

2 1의 풋고추, 마늘, 아몬드와 나머지 재료를 모두 섞어 쌈장을 완성한다.

이종임 요리 팁

◎ 고기구이에 곁들이는 쌈장으로, 굵게 썬 마늘과 풋고추를 넉넉히 넣기 때문에 마늘과 풋고추를 따로 준비하지 않아도 됩니다.

떡갈비 & 토마토소스떡갈비

떡갈비

재료 및 분량(3인분)

소고기(불고기용) 600g, 생표고버섯 2개, 호두 1개, 베이비채소 ½컵, 잣가루 1작은술, 식용유 1큰술

양념

만능간장 2큰술, 배양파즙 2큰술, 꿀 1큰술, 청주 1큰술, 참기름 2작은술, 다진 파 1큰술, 다진 마늘 2작은술, 원당 1큰술, 깨소금 2작은술, 후춧가루 4꼬집

소스

만능간장 1큰술, 꿀 1큰술, 참기름 ½큰술

만드는 법

1 소고기는 키친타월로 핏물을 제거한 후 곱게 채 썬다. 생표고버섯은 잘게 다지고, 호두도 다진다.

2 소고기에 분량대로 섞은 양념을 넣고 잘 치대어 6등분 한 후 둥글납작하게 모양을 만든다.

3 팬에 기름을 약간 두르고 2의 떡갈비를 넣어 구운 후 뚜껑을 덮고 약한 불에서 고기를 익힌다.

4 분량의 재료를 섞어 만든 소스를 구운 떡갈비에 바른 후 잣가루를 뿌린다.

이종임 요리 팁

◎ 배양파즙의 배와 양파 비율은 2:1 정도입니다. 배양파즙을 양념에 넣으면 육질이 부드러워지고 맛이 좋습니다.

토마토소스떡갈비

재료 및 분량(2인분)

떡갈비 2장, 토마토소스 ¼컵, 피자치즈 2큰술, 아몬드 슬라이스 1작은술

만드는 법

1 구운 떡갈비 위에 피자치즈를 얹어 치즈를 녹인다.

2 접시에 따뜻하게 데운 토마토소스를 담고 떡갈비를 얹은 다음 아몬드 슬라이스를 뿌린다.

만드는 법 동영상

이종임 요리 팁

◎ 떡갈비를 토스터나 그릴에 넣어 구워도 됩니다.

소고기장조림

재료 및 분량

※ 나무숟가락 계량

소고기(홍두깨살) 300g
메추리알 15개
꽈리고추 10개
마늘 10알
물 8컵
다시마(5×5cm) 2장
맛간장(또는 만능간장) ½컵
청주 3큰술
황설탕(또는 원당) 2큰술

채수

건표고버섯 2개
대파 ½개
마늘 5알
생강 1톨
청양고추 1개
양파 ¼개
통후추 1작은술

만드는 법 동영상

만드는 법

1 소고기는 토막 낸 후 찬물에 30분간 담가 핏물을 뺀다.

2 [illegible]에 소고기를 넣어 2분 정도 데친 후 찬물에 헹군다.

3 메추리알은 끓는 물에 넣고 3분 정도 삶아 껍질을 벗긴다.

4 면 주머니에 채수 재료를 넣고 묶는다.

5 냄비에 물(8컵)을 붓고 4의 채수 주머니를 넣어 끓으면 다시마와 소고기를 넣는다. 10분 정도 끓이다가 다시마를 건져 내고 뚜껑을 덮은 채로 30분 더 삶은 후 채수 주머니를 건진다.

6 5에 삶은 메추리알, 마늘, 맛간장, 청주, 설탕을 넣고 10분간 끓인 후 꽈리고추를 넣고 5분간 더 끓인다.

이종임 요리 팁

◎ 홍두깨살 대신 양지머리를 쓸 때는 5번 과정에서 뚜껑을 덮은 채로 10분간 더 끓입니다.

◎ 장조림용 고기는 홍두깨살 대신 우둔살, 사태, 양지머리를 써도 좋습니다.

◎ 단맛이 부담되면 설탕은 줄여도 됩니다.

완자전

재료 및 분량(4인분)

다진 소고기 200g
다진 돼지고기 200g
양파 ½개
당근 ¼개
청양고추 2개
밀가루 4큰술
달걀 3개
식용유 3큰술

양념

양조간장 ½큰술
청주 1큰술
참기름 1큰술
소금 ⅓작은술
다진 마늘 1½큰술
다진 파 2큰술
깨소금 1큰술
후춧가루 ⅓작은술

만드는 법

1 다진 소고기와 돼지고기는 키친타월로 핏물을 제거하고 칼로 한 번 더 다진다.

2 모든 채소는 잘게 썰고, [illegible]

3 고기와 채소, 양념 재료를 섞어 잘 치댄 다음 완자를 빚는다.

4 팬에 식용유를 두르고 완자에 밀가루, 달걀물 순으로 옷을 입혀 중불에서 양면을 서서히 익히면서 지진다.

이종임 요리 팁

◎ 달걀을 풀 때 소금 간을 하지 않습니다.
◎ 소고기로만 완자를 만들면 퍽퍽할 수 있으므로 돼지고기나 두부를 넣어 부드럽게 해주세요.

만드는 법 동영상

소고기사과카레덮밥

재료 및 분량(4인분)

밥 4공기
카레가루 1봉지(100g)
소고기 [illegible]
건표고버섯 3개
사과 ¼개
감자 2개
당근 ⅓개
애호박 ⅓개
양파 1개
대파(10cm) 1토막
다진 마늘 2큰술
물 5컵
청주 1큰술
식용유 1큰술

만드는 법

1 건표고버섯은 깨끗이 씻어 물 5컵에 불리고, 불린 물은 표고 육수로 사용한다.

2 불린 표고버섯과 감자, 당근, 애호박, 양파 ½개, 소고기는 1cm 크기로 깍둑썰기 하고, 사과, 양파 ½개는 다지고, 대파는 송송 썬다. 소고기는 청주에 재운다.

3 기름 두른 냄비에 다진 사과, 다진 양파, 대파, 다진 마늘을 넣고 5분 이상 중불에서 충분히 볶은 다음 고기를 넣어 볶고 표고버섯과 나머지 채소를 넣어 2분간 더 볶는다.

4 3의 냄비에 1의 표고 육수 4컵을 넣고 중불에서 10분간 끓인 후, 남은 표고 육수 1컵에 카레가루를 풀어 냄비에 넣고 3분 끓여 카레 소스를 만든다.

5 밥에 카레 소스를 곁들여 낸다.

이종임 요리 팁

◎ 양파 반 개는 다져서 양념에 넣고 나머지 반 개는 카레 소스의 재료로 사용합니다.

◎ 카레 소스는 사과, 양파, 마늘을 다져 충분히 볶은 후에 고기, 버섯, 나머지 채소를 넣고 끓여야 깊은 맛이 우러납니다.

만드는 법 동영상

매운돼지갈비찜

재료 및 분량(3인분)

돼지갈비 1kg
떡볶이떡 100g
[illegible]
당근 ⅓개
대파 ½개
양파 1개
청양고추 2개
생강 슬라이스 3쪽
소주 3큰술
물 3컵
참기름 1큰술

데침물

물 5컵(1L)
생강 슬라이스 3쪽
된장 1큰술

양념

사과배즙 1컵(사과 ¼개, 배 ¼개, 양파 ¼개)
양조간장 4큰술
쌀물엿 2큰술
맛술 3큰술
다진 마늘 3큰술
고춧가루 5큰술
원당 2큰술
후춧가루 ⅓작은술

만드는 법 동영상

만드는 법

1 돼지갈비는 찬물에 30분간 담가 핏물을 뺀다.

2 무, 당근은 먹기 좋게 썬 다음 가장자리를 다듬어 둥글리고, 대파 [illegible]

3 양파는 굵게 썰고, 청양고추는 송송 썬다.

4 냄비에 데침물 재료를 넣고 끓으면 1의 돼지갈비를 넣고 2분간 데친 후 헹군다.

5 분량의 재료를 섞어 양념을 만든다.

6 냄비에 데친 돼지갈비와 소주를 넣고, 양념과 물(3컵)을 넣고, 생강 슬라이스, 무, 당근을 넣고 뚜껑을 덮어 20분간 끓인다.

7 6의 냄비에 떡볶이떡, 양파, 대파, 청양고추를 넣고 10분간 끓인 후 참기름을 넣는다.

이종임 요리 팁

◎ 돼지갈비 삶을 때 생강과 된장을 넣으면 돼지고기의 잡내를 제거할 수 있습니다.

닭볶음탕

사계절

재료 및 분량(3인분)

토종닭(볶음용) 1kg
남자 당면 50g
황기 2뿌리
감자 3개
당근 ⅓개
깻잎 10장
양파 1개
대파 ½개
풋고추 2개
부추 20줄기
청주 2큰술
다진 마늘 2큰술
물 8컵
식용유 1큰술

양념

고추장 1큰술
양조간장 4큰술
생강청 1작은술(다진 생강 ½작은술)
맛술 3큰술
고춧가루 4큰술
원당 2큰술
후춧가루 약간

만드는 법

1 닭은 기름을 떼어 내고 씻어서 끓는 물에 2분 정도 데친 후 씻어 물기를 제거한다.

2 감자, 당근, 양파는 큼직하게 썰고, 부추는 6cm 길이로 썬다. 풋고추와 대파는 어슷하게 썰고, 깻잎은 3~4등분한다.

3 납작 당면은 뜨거운 물에 1시간 정도 불린다.

4 냄비에 기름을 두르고 닭, 청주, 다진 마늘을 넣어 충분히 볶은 다음 물(8컵)과 황기를 넣고 뚜껑을 덮은 후 40분 더 끓인다.

5 분량의 재료를 섞어 양념을 만든다. 4에 감자, 당근과 양념을 넣고 10분간 뚜껑을 덮고 끓인다.

6 5에 불린 당면, 양파를 넣고 10분간 더 끓인 후 깻잎, 대파, 풋고추, 부추를 넣어 완성한다.

이종임 요리 팁

◎ 닭볶음탕을 할 때는 토막이 나있는 볶음용 닭을 구입하면 편리합니다.
◎ 토종닭은 데쳐서 사용해야 깔끔한 맛이 납니다.
◎ 토종닭이 아닌 일반 닭은 물을 1컵 줄이고 10분 덜 끓여도 됩니다.
◎ 납작 당면은 1시간 동안 불리지만, 일반 당면은 30분 정도 불리면 됩니다.

만드는 법 동영상

닭다리채소구이

재료 및 분량(2~3인분)

닭다리 7개
로즈메리 3줄기
버터 1큰술

가니시 채소

마늘 6알
알감자 4개
샬롯 3개
아스파라거스 2줄기
꽈리고추 5개
방울토마토 5개

양념

허브솔트 1작은술
후춧가루 2꼬집
올리브오일 1큰술

만드는 법

1 닭다리는 깨끗이 씻어 물기를 닦은 후 허브솔트와 후춧가루, 올리브오일을 넣어 밑간한다.

2 가니시 채소는 먹기 좋게 썬 후 허브솔트와 후춧가루, 올리브오일로 밑간한다.

3 200℃로 예열한 에어프라이어에 1의 닭다리와 2의 가니시 채소인 마늘, 알감자, 샬롯을 함께 넣고 로즈메리를 얹어 15분간 굽는다.

4 뒤집어 15분간 더 구운 후 나머지 가니시 채소인 아스파라거스와 꽈리고추, 방울토마토를 넣고 버터를 듬성듬성 얹어 5분간 더 굽는다.

이종임 요리 팁

◎ 크리스마스나 연말연시 가족 모임 때 즐기기 좋은 음식입니다.
◎ 인터넷으로 가니시 세트를 구입하면 저렴하고 다양한 채소와 양념이 있어 좋습니다.
◎ 감자가 너무 크면 익히는 시간이 오래 걸리므로 잘라서 씁니다.

만드는 법 동영상

STAUB
STAUB

연어솥밥

사계절

재료 및 분량(2인분)

쌀 1컵
연어 150g
연근 ⅓개(80g)
다시마(5×5cm) 1장
실파 4줄기
물 1½컵
청주 1작은술
소금 2꼬집
후춧가루 2꼬집
만능간장 ½큰술
식용유 1작은술

양념장

청양고추 1개
홍고추 ½개
실파 4줄기
만능간장 ¼컵
참기름 1작은술
깨소금 1작은술

만드는 법

1 쌀은 씻어 30분 물에 불렸다가 건진다. 연근은 길이로 4등분해 납작하게 썰고, 다시마는 한 번 씻어서 자르고 먹기 좋게 자르고, 실파는 송송 썬다.

2 솥에 불린 쌀을 넣고 물(1½컵)을 부은 다음 연근과 다시마를 넣어 8분간 끓인다.

3 연어는 청주를 뿌리고 소금, 후춧가루를 뿌려 밑간한다. 달군 팬에 기름을 두르고 노릇하게 앞뒤로 굽고 만능간장을 가장자리에 뿌려 익힌다.

4 2의 밥에 3의 구운 연어를 올리고 약불에서 10분간 끓인 뒤 불을 끄고 5분간 뜸들인다.

5 청양고추와 홍고추는 잘게 다지고, 나머지 양념장 재료와 섞어 양념장을 만든다.

6 그릇에 연어솥밥을 담고 송송 썬 실파를 뿌린 후 양념장을 곁들인다.

만드는 법 동영상

이종임 요리 팁

◎ 만능간장이 없을 때는 시판 맛간장을 사용해도 됩니다.

황태고추장구이

재료 및 분량(2인분)

황태포(대) 1마리
청주 2큰술
쪽파 3줄기
통깨 1작은술
식용유 1큰술

유장

양조간장 1작은술
참기름 1큰술

양념

고추장 2½큰술
양조간장 1작은술
조청(또는 올리고당) ½큰술
참기름 1작은술
다진 파 1큰술
다진 마늘 ½큰술
깨소금 1작은술

만드는 법

1 황태포는 대가리를 제거하고 물에 3분 정도 담갔다가 비늘을 긁고 씻은 후 물기를 뺀 다음 지느러미와 뼈를 제거하고 집게를 사용하여 가시를 제거한 다음 껍질 쪽에 칼집을 넣고 청주를 뿌린다.

2 유장 재료를 섞어 황태 양면에 요리용 솔로 바른다. 쪽파는 송송 썬다.

3 분량의 재료를 섞어 양념을 만든다.

4 팬에 식용유를 두르고 달궈지면 황태의 껍질 쪽이 위로 오도록 놓고 중불에서 뒤집어 가며 3분간 익힌다.

5 4의 황태에 양념을 앞뒤로 바른 후 중불에서 앞뒤를 살짝 익힌 다음 송송 썬 쪽파와 통깨를 뿌려 완성한다.

만드는 법 동영상

이종임 요리 팁

◎ 황태포는 불린 다음 지느러미를 잘라내고 비늘을 긁어 제거하면 편리합니다.

◎ 껍질 쪽에 칼집을 넣어주면 황태가 오그라들지 않습니다.

황태찜

사계절

재료 및 분량(2인분)

황태포(대) 1마리
청주 1큰술
식용유 ½큰술
참기름 ½큰술
물 ¾컵

양념

양조간장 2큰술
쌀조청 1큰술
참기름 ½큰술
다진 파 2큰술
다진 마늘 1큰술
깨소금 1큰술
후춧가루 약간
실고추 약간

만드는 법

1 황태포는 대가리를 떼어 내고 3~5분 정도 물에 불린 뒤 지느러미를 떼어내고 비늘을 긁고 다듬어 씻어 물기를 꼭 짠다.

2 1의 황태는 뼈와 가시를 제거하고 껍질 쪽에 잔 칼집을 넣은 뒤 5~6cm 길이로 토막을 내고 청주를 뿌린다.

3 실고추는 2cm 길이로 채 썰고, 분량의 재료를 섞어 양념을 만든다.

4 냄비에 황태를 넣어 양념장을 끼얹고 식용유와 참기름을 섞어 뿌린 다음 물(¾컵)을 자작하게 붓고 뚜껑을 덮어 10분간 익힌다.

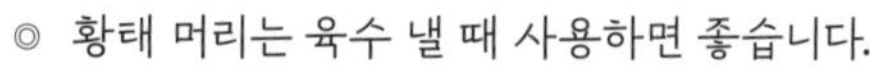

◎ 황태 머리는 육수 낼 때 사용하면 좋습니다.
◎ 황태찜을 할 때 식용유와 참기름을 섞어 넣으면 황태찜이 부드럽고 맛이 좋습니다.

만드는 법 동영상

갈치김치조림

재료 및 분량(4인분)

갈치 4토막
김치 300g
무 300g
양파 1개
대파 1개
청양고추 1개
홍고추 1개
청주 2큰술

멸치 육수(4컵)

물 6컵
멸치 육수 팩 1개

조림장

고추장 2큰술
양조간장 4큰술
매실청 1큰술
청주 2큰술
다진 마늘 2큰술
다진 생강 ½작은술
고춧가루 4큰술
후춧가루 약간

만드는 법

1 무는 1.5cm 두께로 썰고, 양파는 큼직하게 썬다. 대파, 고추는 어슷하게 썬다.

2 냄비에 멸치 육수 팩과 물(6컵)을 넣고 무를 넣어 15분 삶은 다음 무는 건진다. 육수는 4컵을 준비한다.

3 분량의 재료를 섞어 조림장을 만든다.

4 갈치는 비늘을 긁고 토막 낸 다음 씻어서 청주를 뿌린다.

5 냄비에 김치와 삶은 무를 깔고 갈치를 올리고 양파를 넣는다. 여기에 2의 육수(4컵)를 붓고 조림장을 풀어 한소끔 끓인 후 뚜껑을 덮고 중불에서 30분간 조린다.(갈치가 도톰하지 않을 경우 20분 정도 조린다.)

6 5에 대파, 고추를 넣고 5분 정도 더 조린다.

만드는 법 동영상

이종임 요리 팁

◎ 냉동 갈치는 해동 시 살뜨물에 소금을 풀고 담가두면 잡내를 잡아줍니다.

고등어시래기조림

재료 및 분량(2인분)

고등어 1마리
삶은 시래기 200g
무 200g
양파 ½개
대파 ⅓개
풋고추 1개
홍고추 1개

멸치 육수

물 4컵
멸치 육수 팩 1개

양념

된장 1큰술
고추장 2큰술
양조간장 4큰술
매실청 1큰술
조청 2큰술
맛술 2큰술
다진 마늘 2큰술
다진 생강 1작은술
고춧가루 4큰술

만드는 법

1 고등어는 4등분 하여 쌀뜨물에 20분간 담가두었다가 씻어 놓는다.

2 시래기는 먹기 좋게 썰고, 양파는 4등분 하고, 대파는 5cm 길이로 썰고, 고추는 어슷하게 썬다. 무는 1.5cm 두께로 도막 낸 후 반달 자른다.

3 분량의 재료를 섞어 양념을 만든다.

4 시래기에 분량대로 섞은 양념을 넣고 무친다.

5 냄비에 물(4컵)을 붓고 무와 멸치 육수 팩을 넣고 15분간 끓여 멸치 육수(3컵)를 만든 다음 육수 팩은 건져 낸다.

6 5에 시래기, 고등어, 양파를 넣고 뚜껑을 덮어 강불에 끓이다가 중불로 줄여 뚜껑을 열고 20분 정도 조린다.

7 대파, 풋·홍고추를 넣어 한소끔 끓인다.

만드는 법 동영상

이종임 요리 팁

◎ 육수 만들 때 무를 같이 넣고 끓이면 무가 푹 익고 부드러워 좋습니다.

오징어초무침

재료 및 분량(2인분)

오징어(소) 2마리
오이 ½개
양파 ¼개
대파 ¼개
식초 약간
청주 약간
소금 약간

양념

만능 매콤 소스(삼식이 양념) ½컵
식초 2큰술
설탕 1작은술
통깨 1큰술

만드는 법

1 오징어는 깨끗이 손질해 몸통은 링 모양 살려 0.5cm 두께로 썰고 다리는 먹기 좋게 썬 다음 끓는 물에 식초, 청주, 소금을 약간씩 넣어 1분 정도 데친 후 체에 밭쳐 식힌다.

2 오이는 씨를 제거하고 3~4mm 두께로 어슷하게 썬다. 양파는 채 썰고, 대파는 어슷하게 썰어 찬물에 담갔다 건진다.

3 분량의 재료를 섞어 양념을 만든다.

4 채소의 물기를 제거하고 오징어와 양념을 넣어 고루 버무려 완성한다.

이종임 요리 팁

◎ 오징어 껍질을 벗기면 식감이 부드러워지는데, 작은 오징어는 껍질째 사용해도 됩니다.
◎ 만능 매콤 소스는 기호에 따라 가감할 수 있습니다.

만드는 법 동영상

오징어채볶음

재료 및 분량(4인분)

※ 나무숟가락 계량

오징어채 150g

다진 마늘 1큰술

마요네즈 1큰술

참기름 1큰술

통깨 1큰술

식용유 1큰술

볶음장

고추장 2큰술

양조간장 1⅓큰술

조청 2큰술

맛술 3큰술

고운 고춧가루 2작은술

설탕 1½큰술

만드는 법

1 오징어채는 먹기 좋은 크기로 자르고, 두꺼운 것은 한 번씩 찢는다.

2 분량대로 섞어 볶음장을 만든다.

3 팬에 기름을 두르고 다진 마늘을 넣어 볶다가 볶음장을 넣고 한소끔 끓인다.

4 끓인 후 불을 끄고 30초 정도 식힌 후 오징어채와 마요네즈를 넣어 조물조물 고루 버무린다.

5 4에 참기름과 통깨를 뿌려 완성한다.

만드는 법 동영상

이종임 요리 팁

◎ 오징어채는 첨가물이 들어가지 않고 유기농 설탕과 소금만 들어간 건강한 재료를 사용했는데, 일반 진미채를 사용해도 괜찮습니다. 일반 진미채를 사용할 경우에는 소금물에 바락바락 주물러 씻은 후 사용하세요.

잔멸치볶음 & 매콤멸치볶음

잔멸치볶음

재료 및 분량
※ 나무숟가락 계량

잔멸치 2컵(100g), 잣 3큰술, 풋고추 1개, 홍고추 ½개, 다진 마늘 1큰술, 쌀물엿 2큰술, 참기름 1큰술, 통깨 1큰술, 식용유 2큰술

볶음장
만능간장 1큰술, 청주 2큰술, 설탕 1큰술

만드는 법 동영상

만드는 법

1 [illegible]
2 분량의 재료를 섞어 볶음장을 만든다.
3 팬에 기름을 두르고 다진 마늘을 볶다가 볶음장을 넣고 바글바글 끓인다.
4 2에 볶은 멸치와 송송 썬 고추, 잣을 넣어 볶는다.
5 불을 끄고 쌀물엿을 넣어 잘 버무린 후 참기름, 통깨를 넣는다.

이종임 요리 팁

◎ 멸치를 볶으면 살균이 될 뿐 아니라 비린 맛과 눅눅함을 없앨 수 있습니다.
◎ 촉촉한 멸치볶음을 원하면 마지막에 마요네즈 1큰술을 넣어 버무리면 됩니다.

매콤멸치볶음

재료 및 분량
※ 나무숟가락 계량

중멸치 2컵(100g), 호박씨 3큰술, 풋고추 1개, 다진 마늘 ½큰술, 쌀물엿 2큰술, 참기름 1큰술, 통깨 1큰술, 식용유 2큰술

볶음장
고추장 2큰술, 만능간장 1큰술, 청주 2큰술, 고춧가루 1큰술, 설탕 1큰술

만드는 법

1 멸치는 대가리와 내장을 제거한 후 마른 팬에 2분간 볶고, 호박씨도 볶아놓는다.
2 분량의 재료를 섞어 볶음장을 만든다.
3 팬에 기름을 두르고 다진 마늘을 넣어 볶다가 볶음장을 넣고 보글보글 끓인 다음 멸치를 넣어 볶는다.
4 불을 끄고 송송 썬 풋고추를 넣어 섞고 쌀물엿을 넣어 섞은 후 호박씨, 참기름, 통깨를 넣는다.

이종임 요리 팁

◎ 고추장만 넣으면 텁텁하므로 고추장, 고춧가루를 2:1 비율로 섞어 넣으면 짜지 않고 빛깔도 좋습니다.
◎ 기름을 여유 있게 넣으면 멸치볶음이 바삭하고 윤기가 납니다.

간단잡채

재료 및 분량(2인분)
※ 나무숟가락 계량

당면 200g
소고기 100g
세발나물 60g
느타리버섯 120g
당근 ⅓개
양파 ½개
파프리카 ½개
참기름 1큰술
통깨 1큰술
식용유 2큰술

양념
물 1컵
양조간장 6큰술
참기름 2큰술
다진 마늘 2큰술
다진 파 2큰술
설탕 2큰술
깨소금 2큰술
후춧가루 약간

만드는 법 동영상

만드는 법

1 당면은 뜨거운 물에 30분간 불린 다음 씻어 건진다.

2 느타리버섯은 먹기 좋게 찢고, 소고기, 당근, 양파, 파프리카는 곱게 채 썬다.

3 팬에 기름을 두르고 버섯과 채소를 볶아서 덜어놓는다.

4 분량의 재료를 잘 섞어 양념을 만든 다음 팬에 양념과 고기, 당면을 넣고 국물이 없어질 때까지 졸인다.

5 4에 볶은 버섯과 채소를 넣어 섞고, 불을 끄고 세발나물을 넣어 버무린 다음 참기름, 통깨를 넣는다.

이종임 요리 팁

◎ 버섯은 다양하게 사용 가능하고, 파프리카는 두꺼우니까 채를 곱게 썰면 좋습니다.
◎ 세발나물은 불 끄고 마지막에 넣습니다.
◎ 세발나물 대신 시금치나물을 넣어도 됩니다.

콩나물매콤잡채

재료 및 분량(2인분)

당면 80g
콩나물 200g
오징어 ½마리
양파 ½개
대파(10cm) 1토막
부추 20g
청양고추 1개
물 1½컵
참기름 ½큰술
통깨 ½큰술
고추기름 1큰술

양념

양조간장 3큰술
맛술 1큰술
다진 마늘 1큰술
고운 고춧가루 1½큰술
원당 1큰술

만드는 법

1 콩나물은 깨끗이 씻고, 오징어와 양파는 채 썰고, 대파는 송송 썰고, 부추는 5~6cm 길이로 썬다.
2 당면은 따뜻한 물에 30분간 불린다.
3 분량의 재료를 섞어 양념을 만든다.
4 팬에 고추기름을 두르고 대파를 넣어 충분히 볶는다.
5 4에 물(1½)을 붓고 당면과 양념의 절반을 넣어 5분간 익힌다.
6 5에 콩나물과 양파, 오징어, 남은 양념을 넣어 3~4분간 볶는다.
7 6에 부추를 넣고 한 번 섞은 후 참기름과 통깨를 넣고 송송 썬 청양고추를 넣어 완성한다.

이종임 요리 팁

◎ 오징어 대신 어묵을 채 썰어 사용해도 됩니다.
◎ 고추기름이 없으면 식용유를 사용하고 양념에 고춧가루를 더 넣으면 됩니다.

만드는 법 동영상

콩나물두부된장국

재료 및 분량(2인분)

콩나물 150g
두부 ½모(150g)
대파 ⅓개
풋고추 1개
홍고추 ½개
멸치 육수 5컵
마늘오일 된장 소스 3큰술
고춧가루 1작은술
다진 마늘 1작은술
소금 ½작은술

만드는 법

1 콩나물은 씻어놓고, 두부는 한 입 크기로 썬다.

2 대파, 풋고추, 홍고추는 어슷하게 썬다.

3 냄비에 멸치 육수를 붓고 마늘오일 된장 소스를 푼 다음 끓으면 고춧가루를 넣고 콩나물, 두부, 대파, 풋·홍고추, 다진 마늘을 넣고 3분 정도 끓인다.

4 간이 싱거우면 소금으로 간을 맞춘다.

이종임 요리 팁

◎ 마늘오일 된장 소스가 없을 경우에는 된장 2½큰술을 넣어도 됩니다. 마늘오일 된장 소스 만드는 법은 34쪽을 참조해주세요.

◎ 오래 끓이지 않는 국이라 모든 재료를 함께 넣고 끓이는 것이 좋습니다.

만드는 법 동영상

저당반숙달걀장

재료 및 분량

달걀 10개
양파 ¼개
피망 ½개
빨강 파프리카 ½개

양념

다시마물 ½컵
양조간장 ½컵
다진 마늘 1작은술
알룰로스 1큰술
통깨 ½큰술

만드는 법

1 냄비에 달걀을 넣고 달걀이 잠길 만큼의 물을 부은 다음 소금(1작은술), 식초(1큰술)를 넣는다. 끓기 시작하면 7분간 반숙으로 삶아 찬물에 헹구고 껍질을 벗긴다.

2 양파, 피망, 파프리카는 잘게 썬다.

3 분량의 재료를 섞어 양념을 만든다.

4 1의 반숙 달걀을 용기에 담고 잘게 썬 채소와 양념을 넣은 다음 냉장고에서 하루 숙성시킨 후 먹는다.

이종임 요리 팁

◎ 달걀 삶을 때 3분 동안은 한 방향으로 돌려가며 삶아야 달걀노른자가 중앙에 오도록 예쁘게 삶아집니다.
◎ 반숙을 선호하지 않으면 삶는 시간을 늘려 완숙으로 해도 됩니다.
◎ 반숙으로 삶을 때 냉장고에서 꺼낸 달걀은 상온에서 두었다 삶아야 껍질이 잘 벗겨집니다.
◎ 저당이 필요하지 않으면 알룰로스 대신 동량의 설탕을 넣어도 됩니다.
◎ 다시마물은 물에 다시마를 1시간 정도 담가 만듭니다.

만드는 법 동영상

콩자반 3종

재료 및 분량

※ 나무숟가락 계량

병아리콩 1컵

대두 1컵

검은콩 1컵

다시마(10×10cm) 1장

물 1½컵

쌀물엿 1큰술

참기름 1작은술

통깨 1작은술

양념(콩 1컵 분량)

양조간장 3큰술

청주 1큰술

식용유 1큰술

원당 2큰술

만드는 법

1. 병아리콩, 대두, 검은콩은 각각 깨끗이 씻은 후 물을 부어 4시간 동안 불린다. 다시마는 1cm 크기로 잘라 물(1½컵)에 30분 정도 담가 둔다.
2. 냄비에 불린 콩과 다시마 불린 물과 다시마를 넣고 10분간 끓인다.
3. 국물이 없어지면 간장, 청수, 식용유, 원당을 넣고 중불에서 15~20분 조린다.
4. 국물이 졸아들면 쌀물엿, 참기름, 통깨를 넣어 완성한다.

이종임 요리 팁

◎ 부드러운 콩자반을 만들려면 콩을 8시간 이상 불려주세요.

◎ 콩을 끓일 때 거품은 걷어 냅니다.

◎ 대두와 검은콩으로 조림을 할 때도 병아리콩과 같은 분량, 같은 방법으로 만들면 됩니다.

만드는 법 동영상

어묵볶음 & 매콤어묵조림

어묵볶음

재료 및 분량(2인분)

※ 나무숟가락 계량

어묵 5장, 당근 ⅕개, 양파 ¼개, 대파 ⅓개, 풋고추 2개, 다진 마늘 1큰술, 맛간장 2큰술, 쌀물엿 1큰술, 참기름 ½큰술, 통깨 ½큰술, 식용유 2큰술

만드는 법 동영상

만드는 법

1 대파는 송송 썰고, 풋고추는 어슷하게 썬다.

2 당근, 양파는 채 썬다.

3 어묵은 뜨거운 물에 살짝 데친 후 찬물에 헹구고 체에 밭쳐 물기를 빼서 먹기 좋게 썬다.

4 기름 두른 팬에 대파, 다진 마늘을 넣고 노릇해질 때까지 볶는다.

5 4에 당근, 양파를 넣어 볶다가 어묵, 만능간장, 쌀물엿을 넣어 볶는다.

6 풋고추를 넣고 볶다가 불을 끄고 참기름, 통깨를 넣어 섞는다.

이종임 요리 팁

◎ 시판 맛간장을 써도 좋습니다. 양조간장 1½큰술에 설탕 ½큰술 정도를 넣어도 됩니다.

매콤어묵조림

재료 및 분량(2인분)

수제 어묵 300g, 애느타리버섯 80g, 양배추 2잎, 당근 ⅕개, 양파 ¼개, 풋고추 2개, 대파 ½개, 다진 마늘 ½큰술, 참기름 ½큰술, 깨소금 1작은술, 후춧가루 약간, 고추기름 1큰술

조림장

고추장 1큰술, 맛간장 1½큰술, 맛술 1큰술, 고운 고춧가루 1작은술

만드는 법

1 어묵, 양배추, 당근, 양파는 먹기 좋게 썰고, 풋고추는 어슷하게 썰고, 애느타리버섯은 밑동을 자르고 찢어놓는다.

2 팬에 고추기름을 두르고 송송 썬 대파와 다진 마늘을 넣어 볶은 후 당근, 양파, 양배추를 넣어 볶은 후 어묵과 애느타리버섯을 넣어 볶는다.

3 분량대로 섞어 조림장을 만든다.

4 2에 조림장을 넣고 조린 다음 풋고추, 참기름, 깨소금, 후춧가루를 넣어 완성한다.

이종임 요리 팁

◎ 고추기름이 없으면 식용유를 쓰고 고운 고춧가루를 약간 추가하면 됩니다.

버섯채소볶음콩나물밥

재료 및 분량(3인분)

쌀 1½컵, 콩나물 1봉지(300g), 소고기 100g, 물 2¼컵

버섯채소볶음

느타리버섯 100g, 감자 1개, 양파 ½개, 당근 ¼개, 풋고추 2개, 다진 마늘 1작은술, 소금 2꼬집, 참기름 ½작은술, 깨소금 1작은술, 식용유 1큰술

고기 양념

청주 약간, 다진 마늘 1작은술, 후춧가루 약간, 소금 약간

양념장

실파 2줄기, 풋고추 1개, 물 1큰술, 양조간장 3큰술, 다진 마늘 약간, 고운 고춧가루 ½큰술, 통깨 ½작은술, 참기름 1작은술

만드는 법

1 쌀은 씻어 물에 담가 불린 후 건진다.

2 콩나물은 꼬리를 떼어 깨끗이 씻어 놓는다.

3 소고기는 다져서 핏물을 뺀 후 고기 양념 재료를 넣어 무친다.

4 느타리버섯은 손으로 찢어놓고, 감자, 양파, 당근은 채 썬다.

5 팬에 기름을 두르고 버섯과 채소, 다진 마늘을 넣어 볶은 후 소금 간을 한 다음 참기름, 깨소금을 넣어 버섯채소볶음을 완성한다.

6 송송 썬 실파와 풋고추에 나머지 양념장 재료를 섞어 양념장을 만든다.

7 냄비에 불린 쌀과 물(2¼컵)을 넣고 3의 소고기를 넣은 후 뚜껑을 닫고 5분 정도 끓인다. 여기에 콩나물을 넣고 중불에서 4~5분 더 정도 끓인 뒤 불을 끄고 충분히 뜸을 들여 콩나물밥을 완성한다.

8 콩나물밥에 5의 버섯채소볶음을 얹고 양념장을 곁들여 비벼 먹는다.

이종임 요리 팁

◎ 버섯과 채소는 강불에 빨리 볶아야 식감도 좋고 영양 손실도 적습니다.

◎ 많은 양의 콩나물밥을 할 경우에는 콩나물은 따로 찐 다음 밥 위에 얹어줍니다.

만드는 법 동영상

아삭콩나물전 & 달걀부추전

아삭콩나물전

재료 및 분량(2인분)

콩나물 150g, 대파 ½개, 풋고추 1개, 홍고추 1개, 콩가루 2큰술, 부침가루 4큰술, 물 4큰술, 참기름 1작은술, 다진 마늘 1작은술, 소금 ½작은술, 깨소금 ½작은술, 식용유 2큰술

만드는 법 동영상

만드는 법

1 콩나물은 씻어 2cm 길이로 썰고, 대파, 풋고추, 홍고추는 잘게 썬다.

2 콩나물에 참기름, 다진 마늘, 소금, 깨소금을 넣어 섞는다.

3 2에 콩가루, 부침가루를 넣어 고루 섞은 후 물(4큰술)을 넣고 반죽한다.

4 팬에 기름을 두르고 3의 반죽을 넣어 중약불에서 전 두 장을 부친다.

이종임 요리 팁

◎ 홍고추 대신 당근을 채 썰어 넣어도 됩니다.

◎ 반죽에 콩가루를 넣으면 고소한데, 콩가루가 없으면 부침가루 양을 늘리면 됩니다.

◎ 콩나물의 아삭한 맛을 살리기 위해 중약불에서 지집니다.

달걀부추전

재료 및 분량(2인분)

달걀 2개, 부추 100g, 양파 ¼개, 풋고추 1개, 소금 약간, 식용유 적당량

만드는 법 동영상

만드는 법

1 부추는 다듬어 씻은 후 1cm 길이로 썰어 볼에 담고 소금을 솔솔 뿌린다.

2 양파는 1cm 길이로 잘게 썰고, 풋고추는 송송 썬다.

3 달걀은 풀어 양파, 풋고추와 함께 1에 넣고 살며시 반죽한다.

4 팬에 식용유를 둘러 달궈지면 3의 반죽 절반을 넣고 앞뒤로 노릇하게 지진다. 남은 반죽을 넣고 전을 한 장 더 부친다.

이종임 요리 팁

◎ 풋고추 대신 청양고추를 넣어 칼칼하게 만들어도 좋습니다.

미역국 3종

사계절

황태미역국

재료 및 분량(4인분)

건미역 20g, 황태채 80g, 국간장 1½큰술, 다진 마늘 1큰술, 물 10컵(2L), 소금 1작은술, 들기름 2큰술

만드는 법 동영상

만드는 법

1 건미역은 10분간 물에 불린 후 씻어 물기를 짜고 먹기 좋게 썬다. 황태채도 물에 씻어 물기를 꼭 짜고, 큰 것은 잘라준다.

2 냄비에 들기름을 두르고 황태채를 볶다가 미역, 국간장(1큰술), 다진 마늘을 넣고 볶는다.

3 2에 물(10컵)을 붓고 40분간 끓여 국간장(½큰술)으로 간을 맞춘 후 싱거우면 소금을 넣는다.

이종임 요리 팁

◎ 황태미역국은 들기름에 충분히 볶아줘야 국물이 뽀얗게 우러납니다.

전복미역국

재료 및 분량(4인분)

건미역 20g, 전복(대) 4마리, 다진 마늘 1큰술, 물 9컵(1.8L), 국간장 1큰술, 까나리액젓 ½큰술, 참기름 1큰술

만드는 법

1 건미역은 10분간 불린 후 씻어 물기를 짜서 먹기 좋게 썰고, 전복은 손질하여 저며 썬다.

2 냄비에 참기름을 두르고 전복을 넣어 2분 정도 볶은 후 다진 마늘과 미역을 넣고 볶는다.

3 2에 물(9컵)을 붓고 40분 정도 끓인 후 국간장과 액젓으로 간을 맞춘다.

이종임 요리 팁

◎ 미역을 볶을 때 국간장을 넣고 볶아도 됩니다.

◎ 기호에 따라 전복 내장을 넣어도 됩니다.

소고기미역국

재료 및 분량(4인분)

건미역 20g, 소고기(양지머리) 200g, 국간장 2큰술, 다진 마늘 1큰술, 물 10컵(2L)

만드는 법

1 건미역은 10분 물에 담가 불린 다음 씻어서 물기를 짜고 먹기 좋게 썬다.

2 양지머리는 얇게 저며 썬 후 물에 담가 핏물을 제거한 다음 물기를 없앤다.

3 냄비에 양지머리를 넣고 국간장(1큰술), 다진 마늘을 넣어 볶는다.

4 3에 미역을 넣고 볶은 후 물(10컵)을 붓고 중불에서 50분 정도 끓인다.

5 국간장(1큰술)으로 간을 한다.

이종임 요리 팁

◎ 깔끔한 맛을 내기 위해 기름을 두르지 않고 고기를 볶았는데, 기호에 따라 참기름을 넣고 볶아도 됩니다.

◎ 국물 위에 뜨는 거품은 제거해 주세요.

이종임의 백년 밥상

초판 1쇄 인쇄 2025년 2월 25일
초판 1쇄 발행 2025년 3월 5일

지은이 이종임
발행인 손은진
개발책임 김문주
개발 김민정 정은경
제작 이성재 장병미
마케팅 엄재욱 조경은
디자인 책장점
음식 촬영 및 스타일링 추지희, 김민지
프로필 촬영 이종수

발행처 메가스터디(주)
출판등록 제2015-000159호
주소 서울시 서초구 효령로 304 국제전자센터 24층
전화 1661-5431 **팩스** 02-6984-6999
홈페이지 http://www.megastudybooks.com
출간제안/원고투고 writer@megastudy.net

ISBN 979-11-297-1466-4 13590